XIEWEN YEE
HEDUOJIAOTI BINGDU YOUDAO XIBAO DIAOWANG

斜纹夜蛾
核多角体病毒诱导细胞凋亡

余　倩◎著

中山大學出版社
SUN YAT-SEN UNIVERSITY PRESS
·广州·

图书在版编目（CIP）数据

斜纹夜蛾核多角体病毒诱导细胞凋亡/余倩著. —广州：中山大学出版社，2016.4
ISBN 978-7-306-05651-1

Ⅰ. ①斜…　Ⅱ. ①余…　Ⅲ. ①斜纹夜蛾—植物害虫—核型多角体病毒—诱导—细胞—凋萎—研究　Ⅳ. ①S433.4

中国版本图书馆 CIP 数据核字（2016）第059982号

出 版 人：徐　劲
策划编辑：金继伟
责任编辑：周　玢
封面设计：曾　斌
责任校对：杨文泉
责任技编：何雅涛
出版发行：中山大学出版社
电　　话：编辑部 020-84110771，84110283，84111997，84110779
　　　　　发行部 020-84111998，84111981，84111160
地　　址：广州市新港西路135号
邮　　编：510275　　　　传　真：020-84036565
网　　址：http://www.zsup.com.cn　　E-mail:zdcbs@mail.sysu.edu.cn
印 刷 者：广东省农垦总局印刷厂
规　　格：787mm×1092mm　1/16　8印张　148千字
版次印次：2016年4月第1版　2016年4月第1次印刷
定　　价：55.00元

摘　要

杆状病毒感染昆虫细胞可诱导细胞凋亡（apoptosis），细胞凋亡作为一种宿主范围决定因子限制了杆状病毒的杀虫范围，影响杆状病毒杀虫剂在生物防治中的应用；然而，在长期进化过程中，杆状病毒获得了抗凋亡基因以阻止细胞凋亡，使其能够正常复制。在已测序的杆状病毒中绝大部分都包含两个或两个以上的抗凋亡基因，但是部分体外实验结果表明，并不是所有抗凋亡基因都具有抗细胞凋亡活性。本研究首次利用 RNAi 技术对斜纹夜蛾核多角体病毒（*Spodoptera litura* nucleopolyhedrovirus，SpltNPV）中两个抗凋亡基因 *Splt-iap*4 和 *Splt-p*49 在 SpltNPV 受纳宿主中的抗凋亡功能进行研究，通过瞬时表达检测探讨两个基因在 SpltNPV 非受纳宿主中的抗凋亡功能，同时对抗凋亡基因与其宿主的进化关系进行了初步探讨。主要结果如下：

PCR 扩增得到 *Splt-p*49 基因和 *Splt-iap*4 基因，分别将其连接到含有两个反向 T7 启动子的质粒载体上，体外转录得到大片段的双链 RNA（double strain RNA，dsRNA），将 dsRNA 分别或同时转染至被 SpltNPV 病毒感染的 SpLi-221 细胞以沉默 *Splt-iap*4 或 *Splt-p*49，或者同时沉默 *Splt-iap*4 和 *Splt-p*49 的转录。经光学显微镜观察、DNA ladder 检测、细胞存活率计算及病毒滴度测定，结果说明 SpltNPV 感染 SpLi-221 细胞时，Splt-P49 具有抗凋亡功能，而 Splt-IAP 不具有这种功能。但实验中发现，SpltNPV 感染 SpLi-221 细胞在 48 h 之前细胞会聚集成团，而 *Splt-iap*4 dsRNA 处理细胞未出现此现象，大部分依然是独立的单个细胞，推断 *Splt-iap*4 基因在病毒感染期间起到了某种作用使得细胞的聚集受阻，但 *Splt-iap*4 的功能与病毒产生可感染性的子代病毒无关。

在 vAcAnh 感染Sf9系统中，分别瞬时表达 *Splt-iap*4 和 *Splt-p*49 两个基因，经光学显微镜和细胞存活率计算方法检测，结果同样显示 Splt-P49 具有抗凋亡功能而 Splt-IAP 不具有抗凋亡功能，且 Splt-IAP 无辅助抗凋亡功能或延迟细胞凋亡功能。最后对杆状病毒中的抗凋亡基因与其来源宿主进行进化分析，结果显示亲缘关系相近的杆状病毒所含的抗凋亡类型也相近，说明抗凋亡基因与杆状病毒进化有着密切的关系，也可能发挥着重要作用。

斜纹夜蛾（*Spodoptera litura*）和甜菜夜蛾（*S. exigua*）同属夜蛾科（Noctuidae）灰翅夜蛾属的昆虫，亲缘关系很近，且 SpltNPV 和甜菜夜蛾核多角体病毒（*Spodoptera exigua* multiple nucleopolyhedrovirus，SeMNPV）基因组相似性

很高，但这两种病毒并不能交叉感染各自宿主。本文从细胞水平和亚显微水平对 SpltNPV 感染非受纳宿主离体细胞 Se301 的过程进行了描述，并对感染失败的原因进行了初步的生化分析。

光学显微镜显示，被 SpltNPV 感染的 Se301 细胞在感染后 24 ～120 h 期间细胞出现了明显的病理现象，包括细胞空泡、细胞聚集等，且随着时间的延长病理症状越来越严重，但感染细胞中始终没有病毒多角体。DAPI 染色荧光观察和电镜观察结果，都表明从 24 ～120 h 各样品中均显示细胞出现了早期凋亡的特征，但未形成晚期凋亡特征的凋亡小体。$TCID_{50}$检测表明病毒没有产生有感染性的芽生型子代病毒。Dot blotting 显示，在被感染的 Se301 细胞中可完成病毒 DNA 的复制；RT-PCR 分析也显示，感染细胞 72 h 时，SpltNPV 的早、晚期基因都有转录；Western blotting 没有检测到被感染细胞中有极晚期基因 polyhedrin 的表达。以上结果表明，SpltNPV 的感染可导致 Se301 细胞出现明显的早期凋亡症状，但不能进行到凋亡的最后阶段；虽然病毒可完成 DNA 的复制且早、晚期基因均有转录，但病毒的感染不能发展至极晚期，说明早期细胞凋亡仍然是限制病毒完成复制周期的重要因素。

前　言

杆状病毒是一类节肢动物专一性的病毒，它们带有杆状的核衣壳，基因组是由大小为 80 ～180 kbp 的双链环状 DNA 所构成（Theilmann *et al.*, 2005）。杆状病毒科由核多角体病毒属（Nucleopolyhedrovirus, NPV）和颗粒体病毒属（Granulovirus, GV）组成（Theilmann *et al.*, 2005）。杆状病毒的宿主范围窄，最近的研究表明细胞凋亡是限制杆状病毒宿主范围的因素之一（Feng *et al.*, 2007; Zhang *et al.*, 2002; Clarke & Clem, 2003）。细胞凋亡（apoptosis）又称为细胞程序性死亡（program cell death），其特征为细胞核浓缩和片段化，且常伴随细胞质膜出泡现象（Kerr *et al.*, 1972b; Wyllie *et al.*, 1980）。细胞凋亡的发生机制在进化上是保守的。大量的凋亡诱导因素如放线菌素 D、紫外线和病毒感染等都能激活一个半胱氨酸蛋白酶家族（Cysteinyl aspartate specific proteinase, caspase）从而促进细胞凋亡（Roy *et al.*, 1997; Thornberry & Lazebnik, 1998）。所有的 caspase 都是以无酶活性的酶原形式存在，在凋亡过程中必须被蛋白酶水解激活。通常，caspase 被分成两类：起始 caspase 和效应 caspase。不同的凋亡刺激因素激活起始 caspase，有活性的起始 caspase 随后裂解并激活效应 caspase（Riedl & Shi, 2004）。细胞凋亡作为一个重要的病毒与宿主相互反应过程，可能影响着病毒的发病机理。在多细胞生物体中，凋亡作为一种抗病毒应答机制能限制入侵细胞中的病毒，从而减少子代病毒的产生，并造成流产性感染（Zhang *et al.*, 2002; Clarke & Clem, 2003; Feng *et al.*, 2007）。尽管许多病毒包括杆状病毒感染细胞后能激发凋亡，但它们随后也能够合成一些抗凋亡蛋白阻止凋亡（Birnbaum *et al.*, 1994b; Du *et al.*, 1999; Clem *et al.*, 1991; Crook *et al.*, 1993b）。

P35 是第一个被发现的杆状病毒抗凋亡蛋白，能抑制许多不同动物的凋亡，如线虫、昆虫和哺乳动物（Clem, 2007; Clem *et al.*, 1991）。P35 是一 caspase 底物，能与 caspase 形成稳定的 caspase-P35 复合物从而阻止 caspase 蛋白酶活性（Bump *et al.*, 1995; Xue & Horvitz, 1995）。在一些杆状病毒中发现的 P49 是一个更大的 P35 同源物，但它的三维结构和作用模式与 P35 相似。有些 P35 不能抑制的起始 caspase 却能被 P49 抑制（Du *et al.*, 1999; Pei *et al.*, 2002a; Zoog *et al.*, 2002b）。第二大类杆状病毒抗凋亡蛋白为凋亡抑制因子（inhibitor of apoptosis, IAP）。IAP 的 C 端含有一个 RING 的锌指环结构域，在其N端含有1～3个半胱氨酸组氨酸富集基序，称为杆状病毒IAP重复基序（BIR）（Clem *et al.*，1994；Crook *et al.*，1993a）。IAP的BIR区域能与caspase相互作用，RING基序具有泛素-蛋白连接酶活性，能将泛素转移至靶蛋白上（Vaux & Silke，2005）。我们发现一个有趣的现象，在所有已测序的杆状病毒中，大部分病毒全基因组中都包含两个或更多的抗凋亡基因，但是，在特定病毒和细胞系统中通常只有一个基因具有抗凋亡功能。例如，苜蓿丫纹夜蛾多粒包埋型核多角体病毒（AcMNPV）全基因中有1个*p*35和2个*iap*基因，但只有*p*35具有抗凋亡功能（Clem & Miller，1994）。杆状病毒中保留这些无抗凋亡功能的抗凋亡基因的原因还不清楚。对不同病毒基因组中不同抗凋亡基因的研究将使我们更好地理解抗凋亡基因的多样性，以及抗凋亡基因与病毒在进化上的关系。

本研究选取斜纹夜蛾核多角体病毒（*Spodoptera litura* nucleopolyhedrovirus，SpltNPV）中的两个抗凋亡基因*Splt-iap*4和*Splt-p*49，利用RNAi技术研究它们在受纳宿主中的抗凋亡功能，并且通过异位表达检测它们在非受纳宿主中的功能，同时对抗凋亡基因与宿主的关系进行了初步探讨。

斜纹夜蛾（*Spodoptera litura*）和甜菜夜蛾（*Spodoptera exigua*）同属夜蛾科（Noctuidae）灰翅夜蛾属，昆虫亲缘关系很近，且各自的感染病毒斜纹夜蛾核多角体病毒和甜菜夜蛾核多角体病毒（*Spodoptera exigua* multiple nucleopolyhedrovirus，SeMNPV）基因组相似性也很高（Herniou *et al.*，2003）。全基因组测序结果显示，SeMNPV有139个ORF（IJkel *et al.*，1999），SeMNPV可以在它的受纳细胞Se301中正常复制并形成多角体。SpltNPV有141个ORF（Pang *et al.*，2001），它也能在受纳的SpLi-221细胞中正常复制并形成多角体。SeMNPV与SpltNPV共有105个同源ORF，基因组分析表明无论从基因内容及基因排列来看两者都十分相似，但两者的病毒并不能口服感染各自的宿主，其中的原因不明。

为了研究SpltNPV感染Se301失败的原因，本研究在细胞水平上用SpltNPV感染其非受纳细胞Se301，通过光学显微镜和电子显微镜的形态观察，以及DAPI染色等方法，首次发现被SpltNPV感染的Se301细胞发生了早期凋亡现象但未能进行至晚期凋亡而出现大量凋亡小体。这个发现为证明细胞凋亡是宿主抵抗病毒感染的一个防御机制又提供了一个直接的实验依据，具有普遍的生物学意义。先前已有关于杆状病毒诱导的离体细胞凋亡的报道：如野生型AcMNPV感染的SL2（Gershburg *et al*，1997）和CF-203细胞（Palli *et al.*，1996），BmNPV *p*35突变株感染的Bm细胞（Kamita *et al*，1993），SeMNPV感染*S. littoralis*细胞（Yanase *et al.*，1998a），HycuNPV感染的Ld652Y细胞

(Ishikawa *et al*, 2003)，以及 HaSNPV 感染的 Hi5 细胞（Dai *et al*., 1999）它们均发生典型的细胞凋亡。在上述这些研究中细胞都出现了凋亡晚期事件，即形成凋亡小体。杆状病毒诱导早期的细胞凋亡是否影响病毒复制周期的完成至今还少有报道。本研究从细胞水平和亚显微水平对 SpltNPV 感染非受纳宿主离体细胞 Se301 的过程进行了描述，并对感染失败的原因进行了初步的生化分析。通过测定病毒 $TCID_{50}$、RT-PCR、蛋白质印迹法（western blotting）、斑点印迹法（dot blotting）等方法，进一步揭示 SpltNPV 在非受纳细胞 Se301 中的感染进程情况，发现正是由于 Se301 的早期凋亡才阻止了 SpltNPV 产生 BV（budded virus）和 ODV（occlusion derived virus）子代病毒，即使病毒的复制和晚期基因的转录都已经完成，但极晚期蛋白却没有得到表达。

目　　录

第1章　杆状病毒诱导的细胞凋亡及RNAi技术

杆状病毒是一类节肢动物专一性的病毒，它们带有杆状的核衣壳，基因组是由大小为80～180 kbp的双链环状DNA所构成（Theilmann *et al.*, 2005）。杆状病毒的宿主范围窄，最近的研究表明凋亡是限制杆状病毒宿主范围的因素之一（Zhang *et al.*, 2002；Clarke & Clem, 2003；Feng *et al.*, 2007）。细胞凋亡又称为细胞程序性死亡，是一种有秩序、受控制并按某种预定程序发展的生理性的自然死亡过程。其形态学特征为细胞核浓缩和片段化，且常伴随细胞质膜出泡现象（Wyllie *et al.*, 1980；Kerr *et al.*, 1972b）。杆状病毒感染昆虫细胞能引起细胞凋亡，但在长期进化过程中，杆状病毒都获得抗凋亡基因，能阻止昆虫细胞凋亡，使其能在凋亡细胞中继续复制。

RNAi是存在于多细胞生物体内的一种天然机制，外源双链RNA的涉入可以特异性地降解内源基因。利用这种技术我们可以方便快速地进行基因的功能研究。目前，其在杆状病毒的抗凋亡基因研究中已广泛应用。

1.1　核多角体病毒

NPV属的特征是病毒能形成大（0.13～15 μm）的多面形包涵体，又叫多角体。NPV有着独特的复制周期，会产生两种不同类型的病毒粒子：一种是在感染晚期产生的包埋于包涵体蛋白晶体中的病毒粒子，病毒核衣壳在细胞核内获得囊膜，称为包埋型病毒（ODV）；另一种不被包涵体所包埋，病毒核衣壳在核膜或细胞膜处以出芽方式获得囊膜，称为芽生型病毒（BV）（Volkman *et al.*, 1976）。BV可感染同一宿主里的不同细胞，主要负责病毒在体内或培养细胞中细胞－细胞之间的传播。而ODV则是在个体水平上传播病毒（Keddie *et al.*, 1989；Blissard GW, 2000）。（见图1－1）

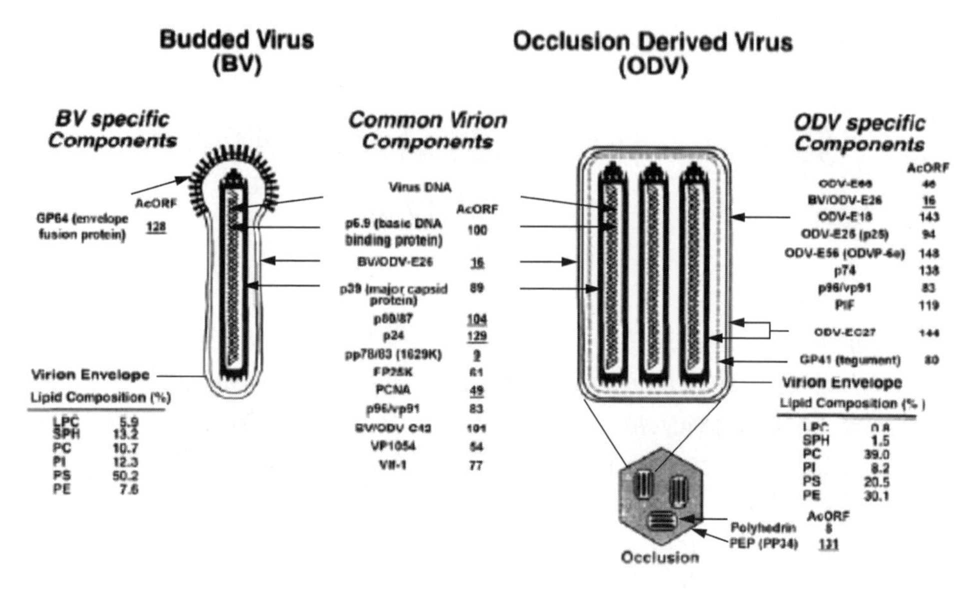

图 1－1　MNPV 两种形态病毒粒子的结构

（引自 Westenberg *et al.*, 2004）

Fig. 1－1　Two baculovirus virion phenotypes illustrated as diagrams with shared and thenotype-specific components

（Westenberg *et al.*, 2004）

1.2　杆状病毒感染与宿主的关系

通过长期的观察实践，人们认识到并不是所有的昆虫细胞对各种杆状病毒都敏感。病毒对昆虫细胞进行感染后出现三种结果：①能成功复制出具有感染性的子代病毒，这类细胞称为该病毒的受纳细胞（permissive cell）；②病毒能够进行部分复制活动，有时也能形成子代病毒，但产量极低，子代病毒产量的下降可由多种原因造成，这类细胞称为该病毒的半受纳细胞（semipermissive cell）；③完全不能复制出子代病毒，该类细胞称为非受纳细胞（nonpermissive cell）。有些非受纳细胞被病毒攻击后可被诱发细胞凋亡（apoptosis），从而导致病毒感染失败（Miller，1997）。大部分杆状病毒只能感染几种昆虫甚至是专一性的一种，我们称其为宿主范围窄或专一性强。

1.3　杆状病毒宿主专一性

杆状病毒科里的病毒都是节肢动物的病原物，通常只针对昆虫特别是鳞翅目、双翅目和膜翅目里的昆虫。在过去的20年里，杆状病毒研究变得十分热门，它们成功作为外源基因的高效表达载体（Miller，1988；Maeda，1989；Maeda，1995；Possee，1997），并且在农业和森林害虫防治的利用中能特异性地杀死特定的害虫，因此它们成为代替传统化学农药的安全生物杀虫剂（Miller，1995；Thiem，1997）。

核多角体病毒被用作一种生物杀虫剂的最使人感兴趣的一个特征是它们具有严格的宿主范围，通常它们都只感染一种或几种相关的昆虫。关于它们宿主范围专一性决定因子的认识我们还知之甚少（Ayres *et al.*，1994；Lange *et al.*，2004）。杆状病毒具有相对的宿主特异性，一种病毒只感染同一目中有限的几种近缘种的昆虫甚至单独的一种（Adams & McClintock，1991；Federici & Hice，1997）。许多病毒种类被应用于防治害虫，特别是蝴蝶、蛾类等鳞翅目害虫，这些害虫通常能导致农作物、观赏植物和森林等遭受巨大破坏。但是由于杀虫速度相对比较慢，使得杆状病毒杀虫剂难以同传统的化学农药竞争（Moscardi，1999）。然而，昆虫具有很强的适应能力，会逐步产生对化学农药的抗性，使得采用生物防治的手段来防治害虫显得紧迫而又必需。一些生物技术手段如构建重组病毒等已经用于提高杀虫速度、减少损失（Black *et al.*，1997；van Beek & Hughes，1998），但是还没有一种重组病毒能满足市场需求。

杆状病毒宿主专一性研究现状：苜蓿丫纹夜蛾核多角体病毒AcMNPV是最早发现的杆状病毒，它有着相对广泛的宿主范围，能感染鳞翅目中13个不同科共39个种的幼虫（Entwistle *et al.*，1978；Bonning & Hammock，1992），同时也能在其宿主来源的细胞如Tn368、Sf21和Sf9中复制。组织培养系统及对分子生物学详尽的研究促进了AcMNPV基因工程株的分选。家蚕核多角体病毒BmNPV是家蚕的一个主要病原物，它能使蚕丝的生产遭受重大的经济损失。对家蚕核多角体病毒（BmNPV）和苜蓿银纹夜蛾多角体病毒进行基因组比较分析，发现两者在基因组织安排、所含的基因及基因的保守序列上都是高度相似的（Hyres *et al.*，1994；Gomi *et al.*，1999），它们的基因组有着90%的一致性（Gomi *et al.*，1999b）。尽管两者在遗传上如此相近，BmNPV和AcMNPV还是有着不同的宿主范围（Miller & Lu，1997）。在离体培养的细胞里，AcMNPV能成功感染多种细胞而BmNPV直到目前为止也只发现它能在家蚕细胞系和蒙斑污灯蛾的细胞系中成功扩增，却不能在 AcMNPV 的受纳宿主草地贪夜蛾来源的Sf21和Sf9细胞系中复制（Kondo & Maeda，1991；Croizier *et al.*，1994），且在田蒙夜蛾和粉纹夜蛾细胞系中也不能成功复制（Maeda *et al.*，1990；Komdo & Maeda，1991；Morris & Miller，1993；Shirata *et al.*，1999）。对 BmNPV 和 AcMNPV 两者在多种细胞系中所表现的生物学特征进行比较，能让我们更好地了解决定杆状病毒宿主专一性的机制（Kondo & Maeda，1991；Kamita & Maeda，1993；Croizier *et al.*，1994；Shirata *et al.*，1999；Ikeda *et al.*，2001；Katou *et al.*，2001；Rahman & Gopinthan，2003）。

在以前的研究中，我们发现 BmNPV 并不能成功感染Sf9细胞，AcMNPV 能在这细胞中成功复制扩增大量子代病毒，同时也发现是 BmNPV 极早期基因的表达抑制了它在Sf9细胞中复制（Katou *et al.*，2001）。但是用 BmNPV 转染Sf9细胞却能产生大量的子代 BVs（Martin & Croizier，1997），这些事实表明Sf9细胞对 BmNPV 的限制很可能发生在病毒进入细胞这一步。BmNPV 的 BV 能进入非受纳宿主细胞Sf9和 Hi5，并且能迁移到细胞核附近，但不能被运输进核内，而重组型 BmNPV-vBmD64/ac-gp64 病毒（它的 *bm-gp*64 基因被 *ac-gp*64 代替了）就能被输送进Sf9和 Hi5 细胞的细胞核，还发现 BmNPV-vBmD64/ac-gp64 能在 Hi5 细胞中产生大量子代病毒而在Sf9细胞中不能。这些结果表明 BmNPV 在 Hi5 细胞中的流产性感染是由于病毒不能入核造成的，而 BmNPV 在Sf9细胞流产性感染是Sf9细胞对 BmNPV 感染周期多步的限制（包括不能入核）造成的。

AcMNPV 感染 Bm 细胞的研究表明：在家蚕细胞中复制的阻断能通过AcMNPV基因组与 NPV 解旋酶基因的一个 133 bp 片断的同源重组方法使AcMNPV在家蚕细胞 Bm5 中顺利复制（Croizier *et al.*，1994）。DNA 解旋酶是基因复制必需的，通过对 AcMNPV 中解旋酶基因的小修改就能使 AcMNPV 在 Bm5 细胞中顺利复制（Kool *et al.*，1994）。Martin 和 Croizier 研究了 BmNPV 感染非受纳的草地贪夜蛾细胞的情况，指出细胞与细胞之间传送的下降是导致 BmNPV 在Sf9细胞中增殖失败的原因（Martin & Croizier，1997）。

草地贪夜蛾核多角体病毒 SfNPV、甜菜夜蛾核多角体病毒 SeMNPV 及海灰翅夜蛾核多角体病毒 SlNPV 对于它们的同源宿主都是有致病性的病原物，但是对异源宿主的反应就大不一样。草地贪夜蛾、海灰翅夜蛾对 SeMNPV 来说都是非受纳宿主，但是甜菜夜蛾及海灰翅夜蛾的幼虫对 SfNPV 来说则是半受纳宿主，而三种夜蛾科的幼虫对 SlNPV 来说都是受纳的宿主（Murillo *et al.*，2003）。以前就有报道说 SeMNPV 只能够有效感染甜菜夜蛾的细胞系（Yanase *et al.*，1998b）。这种病毒能在多种非受纳细胞中起始复制，包括草地贪夜蛾、海灰翅夜蛾、家蚕及粉纹夜蛾的细胞系，但它们复制的抑制点是多种多样的，并取决于具体的细胞系（Yanase *et al.*，1998b）。不仅如此，SeMNPV 还能在与 AcMNPV 共感染的情况下在草地贪夜蛾的细胞中复制（Yanase *et al.*，1998a）。SeMNPV 与 AcMNPV 是亲缘关系十分相近的病毒，它们基因组的一致性达到 78%（Tumilasci *et al.*，2003），尽管这样，它们还是有着不同的宿主范围。对 SeMNPV 在半受纳宿主草地贪夜蛾和海灰翅夜蛾中行为的研究可作为一个从遗传水平上研究杆状病毒宿主专一性决定因素的模型。

海灰翅夜蛾幼虫对于 AcMNPV 的口服感染是高度抗性的，也有研究证明 AcMNPV 能引起海灰翅夜蛾的 Sl2 细胞凋亡（Chejanovsky & Gershburg，1995），这种凋亡现象是由 AcMNPV 的抗凋亡基因 *p35* 在 Sl2 细胞中表达贫乏所引起的，这与 SlNPV 感染 Sl2 细胞相反。进一步研究表明，缺失或低水平表达极早期基因的 AcMNPV 重组病毒在 Sl2 细胞中能比野生型产生更多的出芽型病毒（BV）并且能提高病毒在血淋巴注射情况下对幼虫的感染力（Lu *et al.*，2003）。尽管如此，这些研究并没有提高重组的 AcMNPV 对海灰翅夜蛾幼虫的感染能力，这提示我们可能是其他宿主相关因子如免疫应答等抑制了病毒的感染。

Ld652Y 细胞系来源于舞毒蛾 *Lymantria dispar*，它对舞毒蛾核多角体病毒（D'Amico *et al.*，1999）LdMNPV 和黄杉毒蛾 OpMNPV 是受纳的（Bradford *et al.*，1990）。1978 年一个非生产性感染的特征在 Ld652Y 细胞系被观察到（Goodwin *et al.*，1978）。用草地贪夜蛾核多角体病毒感染 Ld652Y 细胞就会导致在转录水平上所有蛋白质包括病毒的蛋白质合成的关闭（Du & Thiem，1997；Mazzacano *et al.*，1999；Guzo *et al.*，1991）。通过实验使 AcMNPV 获得 LdMNPV 的宿主范围因子 1（hrf-1）（Thiem *et al.*，1996）基因形成重组型 AcMNPV后其蛋白合成就不再被抑制并能达到像 LdMNPV 感染 Ld652Y 细胞的效果。这种获得 hrf-1 重组 AcMNPV 不仅能在 Ld652Y 细胞中复制和产生高剂量的病毒粒子，而且在舞毒蛾幼虫中也能达到同样的效果（Thiem *et al.*，1996；Chen *et al.*，1998），这说明 hrf-1 与 AcMNPV 在 Ld652Y 细胞中的生产性感染直接相关。

对于任何一种病毒来说，它进入宿主细胞和组织的能力和它在里面复制并释放有感染活性病毒的能力决定着这种病毒的宿主范围。杆状病毒生活周期主要分为以下几步：进入细胞、早期基因表达、DNA 的复制、晚期基因表达、极晚期基因表达、BV 的组装和释放、核多角体蛋白包含体（PIB）的形成。众所周知，包含体病毒 BV 是在病毒表面的糖蛋白 GP64 或其同源蛋白 LD130 参与下通过包内吞作用进入细胞的（Pearson & Rohrmann，2002）。病毒进入细胞后杆状病毒的核衣壳就会移动到细胞核，病毒的 DNA 就在此复制，复制时需要病毒早期基因的表达，而病毒早期基因表达是由宿主细胞的转录机制所调控的（Fuchs *et al.*, 1983；Huh & Weaver, 1990）。

早期基因表达的产物包括一些病毒 DNA 复制所需要的酶还有一些病毒所需的能调节早期或晚期基因转录的转录因子。DNA 复制是晚期或极晚期基因表达的命令（Thiem & Miller, 1989）。DNA 复制的起始在不同的杆状病毒中是不一样的。病毒特异性 DNA 复制的起始因不同的细胞系不同而不同，尽管病毒复制所需要的基因在不同的杆状病毒里都是十分保守的，这些基因都是用来帮助形成 DNA 复制最有利的形式（Lu & Miller, 1995）。晚期和极晚期基因的表达需要一种新的 RNA 聚合酶来激活，这种 RNA 聚合酶对 α－蝇蕈素不敏感（Huh & Weaver, 1990）。

近年来发现病毒诱导的昆虫细胞凋亡可能是一种经过长期进化而获得的防御机制构成的昆虫自然免疫体系的一部分（Clarke & Clem, 2003b）。

1.4 细胞凋亡概念及其形态学特征

细胞凋亡一词源于希腊文，指细胞死亡犹如秋天树叶掉落一样不可抗拒。凋亡现象发现于 1906 年，但直到 1972 年 Kerr 等人在英国癌症杂志发表论文，才首次提出细胞凋亡的概念，即在一定的生理或病理条件下，细胞受内在遗传机制的控制，自动结束生命的过程（Kerr *et al.*, 1972a）。细胞凋亡是细胞的一种基本生物学现象，作为多细胞生物为维持体内平衡、适应不良环境所采用的一种策略，在生物体的进化、内环境的稳定及多个系统的发育中起着重要的作用。

细胞凋亡有其明显的形态学和生化学上的特征。形态学上的特征包括：核固缩、胞质浓缩、细胞体急剧变小、细胞骨架解体。生化学上的特征包括：染色质片段化，形成长度 180～200 bp 的整数倍的寡聚核苷酸片段，琼脂糖凝胶电泳时呈现梯状条带（DNA ladder）。

1.5 细胞凋亡与细胞坏死的区别

细胞死亡根据起源、性质和生物学意义可分为凋亡或称程序性死亡和坏死。前者是一种受基因调节的自主控制过程，在生物个体发育和生存中起着非常重要的作用；而坏死则是细胞处于剧烈损伤条件下发生的细胞死亡。在体内两者主要的区别是凋亡不引起机体炎症反应，坏死则引起炎症反应。

1.6　细胞凋亡的分子机制

细胞凋亡不仅是一种特殊的细胞死亡类型，而且具有重要的生物学意义及复杂的分子生物学机制。此外它还可被许多因子诱导，如辐射、细胞毒素、某些化学物质及热激等。再者，凋亡是多基因严格控制的过程，这些基因在种属之间非常保守，如 Bcl-2 家族、caspase 家族、癌基因如 *C-myc*、抑癌基因 *p*53 等，随着分子生物学技术的发展，我们对多种细胞凋亡的过程有了相当的认识，但是迄今为止，凋亡过程确切机制尚不完全清楚。

凋亡作为细胞生命的基本特征之一，是一种复杂的生理或病理过程，在多细胞生物中，多细胞生物会通过细胞凋亡维持组织动态平衡来抵抗疾病，同时在发育的过程中清除受损和不需要的细胞（Horvitz，1999；Jacobson *et al.*，1997）。在人类中，凋亡机制的失常会导致严重的疾病，例如在凋亡机制被抑制的情况下会引起自身的免疫疾病甚至癌症的发生（Hanahan & Weinberg，2000；Thompson，1995）。细胞凋亡是细胞外界因素和细胞自身综合作用的结果，它的发生机制可划分为三个方面：死亡因子受体与配体结合介导的细胞凋亡、诱导因子作用导致的细胞凋亡、生长因子缺乏引起的细胞凋亡。凋亡一般过程为：细胞接受死亡信号，激活起始 caspases，然后激活效应 caspases，最终导致细胞凋亡。可见 caspases 在细胞凋亡的通路上起到了中心效应物的作用，扮演着极为重要的角色。

caspase 是一类天冬氨酰特异性的半胱氨酸蛋白酶，简称胱解酶，它属于半胱氨酸蛋白酶家族（cysteienine proteases），以酶原形式存在，几处被断裂后转变为活化型。活化型的 caspase 能特异地水解底物蛋白，使其在 Asp 残基处发生断裂，caspase 在不同物种中表现出极高的保守性。细胞凋亡是由多种信号诱导的一系列反应，caspase 是介导这些信号转导和实行细胞凋亡的关键性物质，它是引起细胞凋亡的直接效应物（Zhou *et al.*，1998），也是细胞凋亡过程的中心成分（Thornberry & Lazebnik，1998）。第一个被发现的半胱氨酸蛋白酶（caspases）是线虫的 CED-3（Yuan *et al.*，1993），从那以后许多 caspases（至少 15 种）相继被发现。caspases 的发现及其作用机理的研究揭示了细胞凋亡机制在进化上的保守性（Alnemri *et al.*，1996）。与凋亡相关的 caspases 一般被划分为两组，即起始 caspases（包括 caspases-2、caspases-8、caspases-9、caspases-10）和效应 caspases（如 caspases-3、caspases-6、caspases-7），如图 1－2所示。

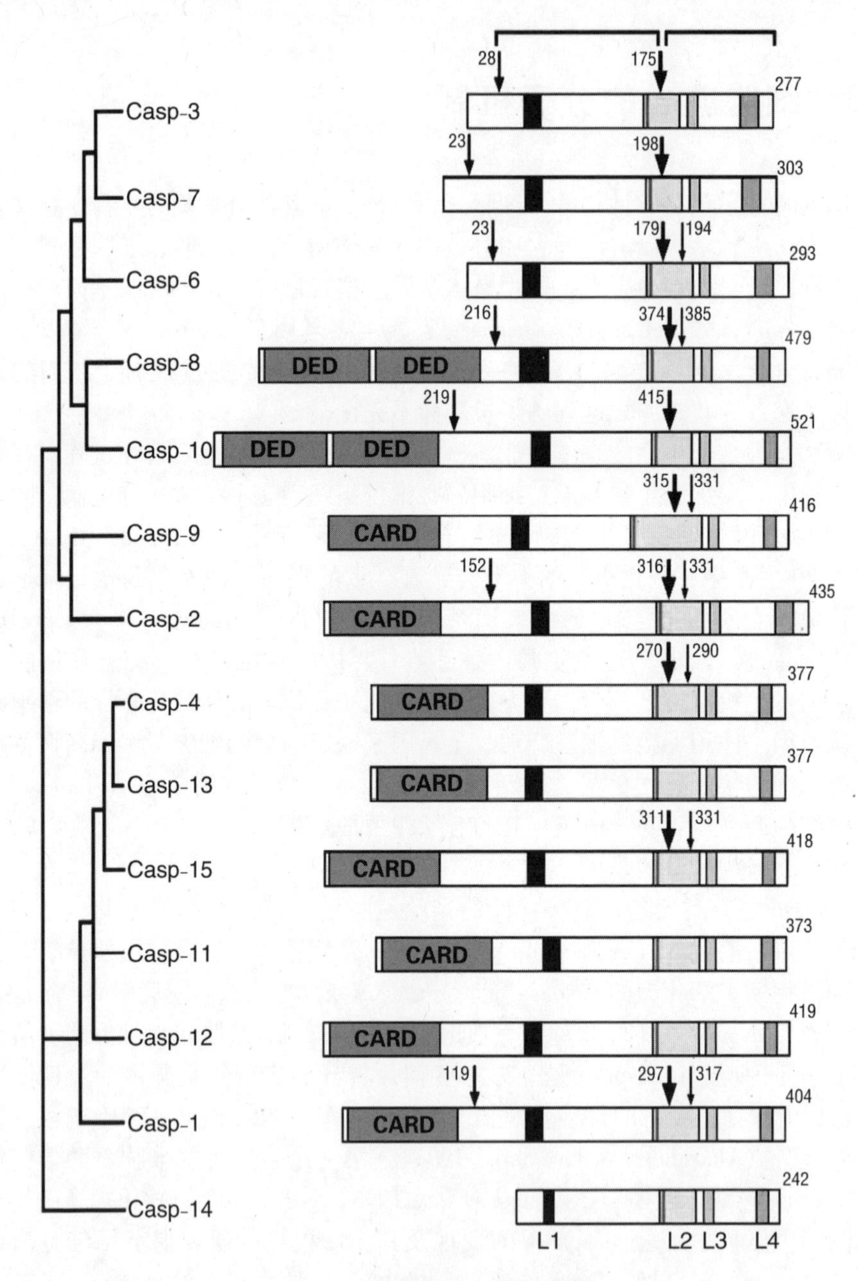

图 1－2　哺乳动物 caspases 示意

（引自 Shi，2002）

Fig. 1－2　caspases of mammalian

（Shi，2002）

caspases 有着其保守的特征，包括一个与底物结合的沟，它由 4 个环所组成，分别命名为 L1、L2、L3、L4。L1、L2 分别组成沟的两侧，L3 位于沟的基底，L2 包含一个催化残基 Cys。在哺乳动物中所有 caspases 的 L1、L3 都表现出一定的保守性，而 L2、L4 则表现出高度的多样性。caspases 的结合口袋里与底物 P4-P3-P2-P1 残基结合的位点分别被称为 S4-S3-S2-S1，caspases 的底物结合沟在空间构象上都是相似的，其中 S1 和 S3 位点在所有的 caspases 中几乎一致，而 S2 和 S4 也有着高度的保守性。除了 caspases-9 以外，所有 caspases 的酶原以非活性的形式存在，而且它们都需要蛋白水解而激活。

目前，昆虫里被鉴定的 caspases 有果蝇的 DrICE，草地贪夜蛾的 sf-caspases-1 和 sf-casepase-x。前两者都属于效应 caspases，后者是起始 casepases，它们与哺乳动物的 caspases 序列有着很高的同源性，而且有着相同的激活机制。同时 sf-caspases-1 的晶体三维结构已被测定，并表明它的结构与哺乳动物的效应 caspases 高度相似（Forsyth *et al.*, 2004b），如图 1－3 所示，其最大的不同只在于其大亚基 N 端来源于激活位点，它与哺乳动物的高度相似性说明了凋亡机制在进化上的保守性。

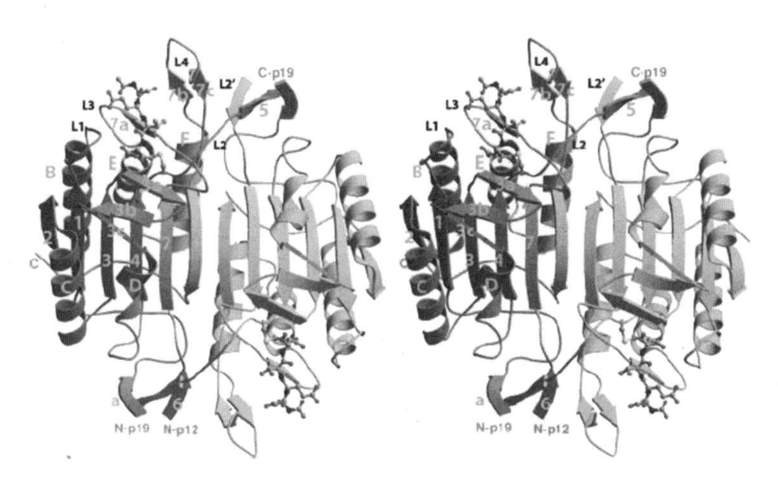

图 1－3　Sf-caspase-1 的结构

（引自 Forsyth *et al.*, 2004a）

Fig. 1－3　Structure of Sf-caspase-1

（Forsyth *et al.*, 2004a）

1.7 杆状病毒感染引起的细胞凋亡研究

昆虫不像脊椎动物那样有着成熟的适应性免疫系统，它不能产生抗体和T记忆细胞。但昆虫生机勃勃的先天性免疫系统使其成为地球上最为成功的物种之一。最近对果蝇的研究表明，昆虫能对RNA病毒发生免疫（Dostert *et al.*, 2005；Zambon *et al.*, 2005）；而先前的研究也表明，昆虫的先天性免疫系统于控制杆状病毒在鳞翅目昆虫烟草天蛾（*Manduca sexta*）和棉铃虫（*Helicoverpa zea*）的感染中扮演着重要的角色（Kirkpatrick *et al.*, 1998；Washburn *et al.*, 2000）。大量的证据表明，病毒感染引起的细胞凋亡是非常特异的，不仅如此，在离体培养的细胞实验里，凋亡能大大地减少子代病毒的产生（Hershberger *et al.*, 1992a；Clem & Miller, 1993b），而且丧失抗凋亡机能的病毒突变株要成功感染宿主需要的病毒剂量明显增大（Zhang *et al.*, 2002；Clarke & Clem, 2003；Clem *et al.*, 1994；Clem & Miller, 1993a；da Silveira *et al.*, 2005）。这提示我们，昆虫可能通过细胞凋亡来限制非受纳病毒寄主的感染。

杆状病毒诱导的细胞凋亡最初发现于苜宿丫纹夜蛾核多角体病毒（Autographa californica multicapsid nucleopolyhedrovirus，AcMNPV）的一株突变型vAcAnh，该突变型病毒可诱导草地夜蛾细胞Sf-21产生典型的细胞凋亡现象（Clem *et al.*, 1991）。这个病毒是缺乏抗凋亡基因*p*35的突变株，*p*35可阻遏病毒复制时所激发的昆虫细胞的凋亡程序。一系列研究表明，通过喂食和注射，与野生型相比，缺乏基因*p*35病毒的感染率大大下降（Clem *et al.*, 1994；Clem & Miller, 1993c）。这表明，由病毒复制引起的细胞凋亡可能阻遏了病毒的构建和其复制。接下来的研究还证实带有完整*p*35基因的野生型AcMNPV还会诱导海灰翅夜蛾和云杉卷叶蛾（CF-203）细胞系的凋亡（Chejanovsky & Gershburg, 1995；Palli *et al.*, 1996）。而由AcMNPV感染所引起的CF-203细胞的凋亡可通过预先用云杉卷叶蛾核多角体病毒对CF-203细胞感染来抑制（Palli *et al.*, 1996）。除了AcMNPV，SeMNPV和棉铃虫单核多角体病毒HaSNPV都能在Se和Tn来源的细胞中产生生产性感染，但同时它们也分别会引起海灰翅夜蛾和Heliothis zea夜蛾的细胞凋亡（Yanase *et al.*, 1998b；Dai *et al.*, 1999）。除此之外还发现，粉纹夜蛾（Tn368）细胞能对由带有*p*35缺陷的AcMNPV病毒所诱导的凋亡产生抗性并且产生高滴度的子代病毒（Clem & Miller, 1993c）。这些结果暗示，杆状病毒通常会在其感染的细胞中产生能引起凋亡的因子，至于细胞是否产生凋亡取决于病毒与细胞里抑制和诱导凋亡能力的内在相互作用。

由杆状病毒感染所引起的细胞凋亡的分子机制还不清楚。对缺失*p*35的AcMNPV引起的细胞凋亡仔细分析表明NPV诱导的凋亡可由感染早期或晚期的事件所引起（LaCount & Friesen，1997）。*ie*1是病毒感染的极早期基因，先前研究表明它能引起由AcMNPV诱导的Sf21细胞凋亡（Prikhod'ko & Miller，1996）。同时研究也表明，在某些表达*p*35或*iap*的NPV中，抑制*p*35或*iap*表达也能引起凋亡（Clem，2001a）。已证实由IE-1所诱导的Sf21细胞的凋亡可由AcMNPV早期基因的产物PE38所加强（Prikhod'ko & Miller，1999）。值得一提的是，由杆状病毒所引起的细胞凋亡都与caspases激活相联系（LaCount *et al.*，2000；LaCount & Friesen，1997；Bertin *et al.*，1996；Ahmad *et al.*，1997；Seshagiri & Miller，1997；Manji & Friesen，2001）。

1.8　抗凋亡基因

病毒感染是常见的导致细胞凋亡的重要因素，杆状病毒同样诱导昆虫细胞凋亡，同时，作为打破宿主防御体系的一种策略，杆状病毒可通过自身编码抗凋亡基因的表达，抑制细胞凋亡以利于自己的增殖（王业富、齐义鹏，1998）。

目前在杆状病毒基因组中已发现两种不同类型的细胞凋亡抑制基因：*p*35和*iap*（Clem & Miller，1994），由于*p*49与*p*35的核苷酸组成有高度的同源性，普遍认为*p*49是*p*35的同源物（Clem & Miller，1994）。这两类抗凋亡基因分别作用于细胞凋亡途径的不同位点，以抑制细胞的凋亡。近年来，人们对这两种基因的蛋白结构及作用机制等方面进行了大量的研究，深入研究这三类基因的特性，了解阻断细胞凋亡的途径和分子机制，能使我们更好地理解细胞复杂的通路途径（Miller，1997）。

1.8.1　*p*35基因

*p*35基因最早发现于苜蓿银纹夜蛾的核型多角体病毒（Autographa californica NPV）基因组，具有抑制病毒诱导的细胞凋亡和恢复病毒复制能力的功能（Hershberger *et al.*，1992b）。它位于AcMNPV基因组的EcoR-S片段，下游是增强子hr5，上游是94 K蛋白基因，*p*35的ORF由897 bp组成，编码299个氨基酸，分子量为34.8 kD，电泳带为35 kD，故P35蛋白也称为35 K蛋白。*p*35的启动子活性很强，兼具早期和晚期调控元件，早期启动子的活性也可被hr5增强。AcMNPV *p*35基因转录起始位点上游55～155 bp的区域，对于早期病毒

的感染过程具有极其重要的作用。*p*35 的启动子还有一个晚期启动子，但晚期从其上游较远处转录的 γRNA 可能通过启动子包埋而阻止这种转录（Zong *et al.*, 1996）。

P35 通过抑制 caspase 的活性而抑制细胞凋亡，caspase 需水解后才能被活化而导致细胞的凋亡，因此调节 caspase 酶原的活化过程对于是否产生细胞凋亡起着关键性的作用。在体内杆状病毒 P35 蛋白能阻断该酶的活化，其作用方式是通过阻断 caspase 酶大亚基的断裂，抑制其成熟，从而抑制细胞凋亡的发生（LaCount *et al.*, 2000）。P35 蛋白的晶体结构（见图 1－4）显示它具有一个可抑制蛋白内切酶的结构（Fisher *et al.*, 1999）。P35 的晶体结构类似于一个茶壶，在它的顶部有一个突环结构，突环上有 caspase 切割位点。

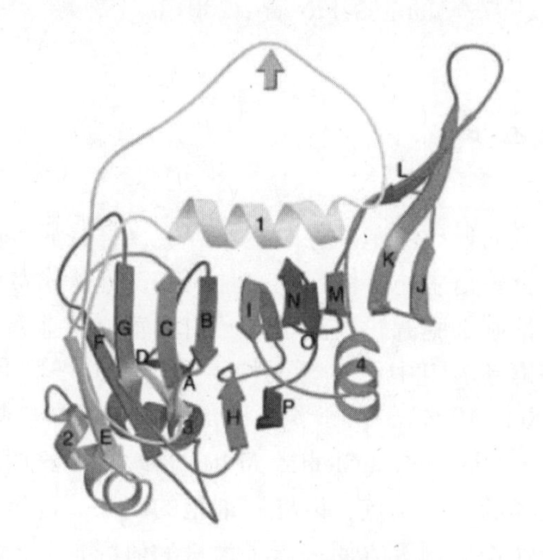

图 1－4　P35 蛋白结构示意
（引自 Fisher *et al.*, 1999）
Fig. 1－4　Structure of P35 protein
（Fisher *et al.*, 1999）

AcMNPV 的细胞凋亡抑制基因 *p*35 不仅可以抑制寄主细胞、幼虫、蛹和成虫的细胞凋亡，而且在除昆虫以外的其他生物体内也同样具有抑制作用，如哺乳动物和线虫等。这表明从病毒、线虫到昆虫、动物乃至人的细胞凋亡机制都是高度保守的。例如：CPP32 属（ICE）/CED-3 族蛋白，它活化后可以促进由糖皮质激素诱导的细胞凋亡，而杆状病毒的 P35 蛋白能阻止 CPP32 酶原的活化从而抑制细胞凋亡的发生（Robertson *et al.*, 1997）。

1.8.2　*p*49 基因

*p*49 基因是 Du 等从海灰翅夜蛾核型多角体病毒（*Spodoptera littoralis* multicapsid nucleopolyhedrovirus，SlNPV）中分离到的一个新的凋亡抑制基因（Du *et al.*，1999）。*p*49 基因含有 1 341 bp，根据碱基序列推测其编码的氨基酸为 446 个，分子量为 4.9 kD，Du 等证明用带有 *p*49 基因的表达质粒与 *p*35 基因缺失的重组病毒共转染昆虫细胞后，能抑制细胞凋亡而使病毒成功感染。之后，根据该基因的序列设计引物，从 SpltMNP 基因组中分离得到同源基因（李镇等，2000）。Yu 等于 2005 年通过体外表达 Splt-P49 实验证明，该蛋白与 Spli-P49 功能相似，能抑制 vAcAnh 诱导的Sf9细胞的凋亡（Yu *et al.*，2005）。

研究发现，在 SlNPV 的 P49 蛋白与 AcMNPV 的 P35 蛋白一级结构中，两种蛋白同源区氨基酸序列的同源性为 50%，主要集中在两个区段，即 N 端的 210 个氨基酸、C 端的 40 个氨基酸，P49 中间近 170 个氨基酸在 P35 中不存在，这段序列的功能尚需要进一步研究。在 P49 的 N 端也存在一个类似于 P35 的 DQMD^{87}G 序列的 caspase 酶切位点的 TVTD^{94}G 序列，因而推测其与 P35 一样通过作为 caspase 的底物而竞争性抑制该酶的活性，从而抑制细胞凋亡（Zoog *et al.*，2002a；Pei *et al.*，2002b）。（图 1－5）

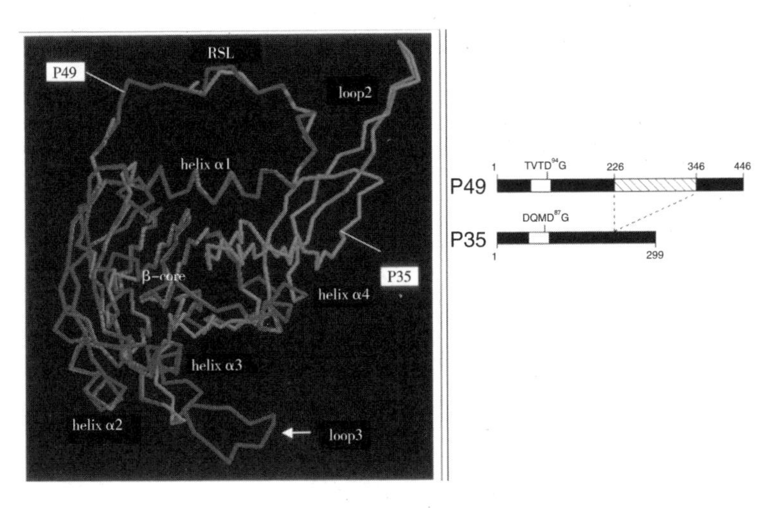

图 1－5　P49 与 P35 的结构

（引自 Zoog *et al.*，2002c；Pei *et al.*，2002b）

Fig. 1－5　The structures of P49 and P35

（Zoog *et al.*，2002c；Pei *et al.*，2002b）.

体外试验结果表明，P49 能抑制人启始 caspase-9，在凋亡通路中推测其作用可能发生于启始 caspase 阶段，位于 P35 抑制作用的上游。构建携带单一凋亡抑制基因 *p49*、*p35* 或 *iap* 的重组病毒两两组合共感染 Sf-21 细胞，进一步鉴定出这三种凋亡抑制基因在抑制病毒感染引起的细胞凋亡过程中发挥作用的先后顺序（Zoog *et al.*, 2002b）。（图 1－6）

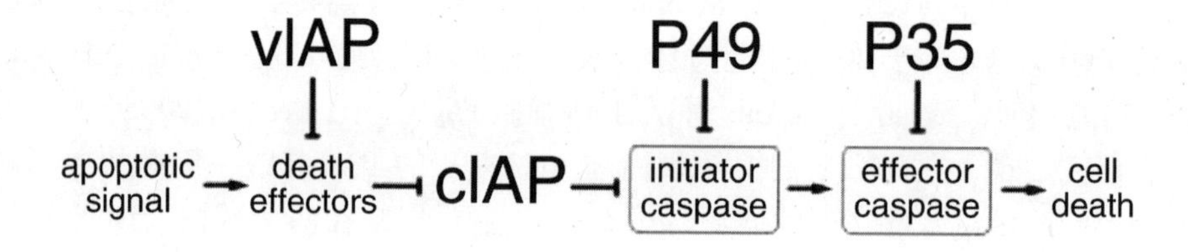

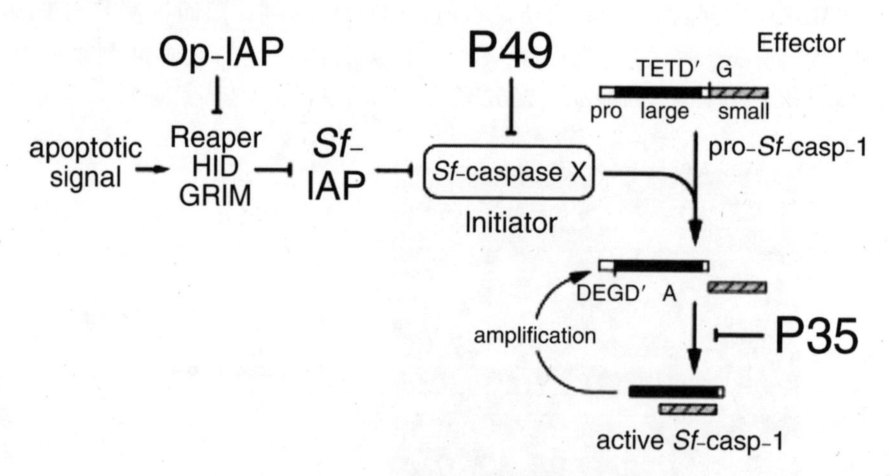

图 1－6　杆状病毒凋亡抑制基因调节细胞凋亡模型

（引自 Zoog *et al.*, 2002b）

Fig. 1－6　Cell death regulation by baculovirus apoptotic suppressors

（Zoog *et al.*, 2002b）

1.8.3　*iap* 基因

iap（*inhibitor of apoptosis*）基因最先在 Cydia pomonella granulovirus

（CpGV）和 Orgyia pseudotsugata NPV（OpMNPV）杆状病毒的基因组里被鉴定，并证明其编码的 IAP 蛋白具有抗凋亡的活性（Birnbaum *et al.*，1994a；Crook *et al.*，1993b），IAP 蛋白也因此而得名。IAP 蛋白广泛存在于生物界中，除了杆状病毒，在酵母、昆虫、哺乳动物、人类等多种高等动物中都发现其同源的蛋白。说明 IAP 蛋白在进化上的保守性和重要性。

1. IAP 蛋白家族的结构

（1）BIR 模序。

IAP 蛋白是一类金属蛋白，其家族最重要的特点是其共有的 BIR 模序（baculovirus iap repeat），它是一个锌结合模序，所有的家族成员都具有 1～3 个 BIR 模序，严格地说，只有同时拥有 BIR 模序和抗凋亡功能的蛋白才是 IAP 蛋白家族的成员，但是其中一些含有 BIR 模序的蛋白可能并不具有抑制凋亡的功能，因此 Uren 等人（Hawkins *et al.*，1998）认为，所有具有 BIR 模序的蛋白都统称为 BIRPs（BIR containing proteins），一些学者则认为具有 BIR 模序而没有抗凋亡功能的蛋白才称为 BIRPs（Clem，2001b）。核磁共振试验表明（Verdecia *et al.*，2000；Chantalat *et al.*，2000；Muchmore *et al.*，2000；Hinds *et al.*，1999；Sun *et al.*，1999），BIR 模序的 70～80 个氨基酸组成的 4 个 α 螺旋和 1 个 β 片层，它们通过折叠形成一个高度的疏水核心；核心里包含了由半胱氨酸和组氨酸组成的保守 C_2HC 结构。BIR 模序是介导 IAP 家族成员与其底物相互作用的平台，一些实验证实 BIR 核心内部保守的氨基酸残基对 IAP 抑制凋亡是必需的（Sun *et al.*，1999；Wright & Clem，2002；Deveraux *et al.*，1999；Vucic *et al.*，1998；Takahashi *et al.*，1998）。同时，另外一些实验也表明，BIR 的侧翼序列也介导了 IAP 蛋白与其他蛋白的相互作用（Vucic *et al.*，1998），如在 XIAP 中，XIAP 并不是通过 BIR2 模序直接与 csaspase-3 和 caspase-7 直接特异地结合，而是由 BIR1-BIR2 间的连接区中紧靠 BIR2 模序 N 段的区域直接与 caspase-3 和 caspase-7 结合（Riedl *et al.*，2001；Huang *et al.*，2001；Chai *et al.*，2001），而 BIR2 模序本身只是其促进和稳定连接区与底物 caspases 的结合，有趣的是，介导 IAP 与活化 caspases-9 结合的模序不是先前说的 BIR1-BIR2 之间的连接区，而是 BIR3-RING 间的连接区（Deveraux *et al.*，1999）。Hozak 等（Hozak *et al.*，2000）的研究还首次揭示了黄衫毒蛾核多角体病毒的 IAP 蛋白 OP-IAP 的 BIR 模序能够介导其自身的二聚或多聚化，并且证明 OP-IAP 的二聚或多聚化对它抑制凋亡是必需的。更为有趣的现象是，Harvey 等（Harvey *et al.*，1997）还报道了 BIR 模序在 Sf-21 细胞中能与内源性的 IAP 相互作用。这提示我们 BIR 模序给 IAP 家族成员提供了与其他蛋白相互作用的主要平台，它的多样性丰富了 IAP 蛋白的功能。

（2）RING 模序。

IAP 家族成员中另一个重要的模序是 RING 模序，它是一类锌指结构域（Harvey *et al.*，1997；Joazeiro & Weissman，2000）。它的特征序列就是一个由保守的半胱氨酸和组氨酸组成的 C_3HC_4 结构。RING 模序最早是由 Freemont 等（Freemont *et al.*，1991）所报道，目前已鉴定出至少超过 200 种蛋白含有 RING 模序（Clem，2001b），这些含有 RING 模序的蛋白刚开始的时候被认为是没有共同特征的一类蛋白，它们参与了各种生命活动，尽管如此，后续的研究表明含 RING 模序蛋白最大的特点是能介导蛋白质之间的相互作用，它们参与蛋白质支架或蛋白质复合体的形成（Borden，2000）。首先 RING 模序中保守的 Cys 和 His 形成了 4 对金属配合基（见图 1－7）（Borden & Freemont，1996），第 1 和第 3 对、第 2 和第 4 对分别与 2 个锌离子结合，从而形成独特而高度稳定的十字钳结构介导蛋白复合体的组装（Borden，2000；Borden & Freemont，1996）。

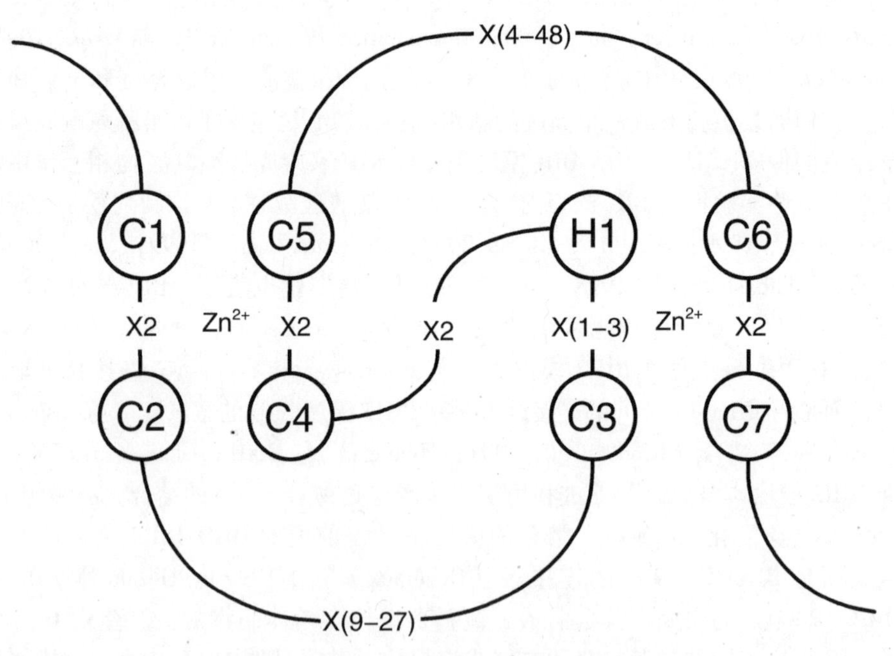

图 1－7　RING 模序与金属离子的结合方式

（引自 Borden & Freemont，1996）

Fig. 1－7　A representation of metal binding in the RING domain

（Borden & Freemont，1996）

与此同时，某些含有 RING 模序的蛋白还有着 E3 泛素化连接酶（E3 ubiquitin ligase）的活性（Tyers & Willems，1999）。事实上，某些含 RING 模序的 IAP 蛋白就有 E3 ubiquitin ligase 的活性，能通过其来介导自身的泛素化降解（Yang *et al.*，2000）。越来越多的证据表明，无论体外和体内 cIAP-1 都能介导特定种类的 caspase 和一些前凋亡蛋白（Vaux & Silke，2005a；Vaux & Silke，2005b）的泛素化降解抑制 caspase 的活性，同时也调节其他相关的底物如 NIK（Vince *et al.*，2007；Varfolomeev *et al.*，2007）、RIP（Petersen *et al.*，2007）、NEMO/IKKγ（Tang *et al.*，2003）的泛素化降解从而对 NF-κB 信号通路进行调控，这为我们研究 IAP 蛋白家族的功能提供了一条全新的路径。

（3）其他模序。

IAP 家族还含有许多其他特殊的模序如 cIAP-1、cIAP-2 里含有 caspase 募集模序（CARD），位于 BIR 与 RING 模序之间，它与 IAP 蛋白的抗凋亡活性不是很清楚，有的学者认为既然 cIAP-1、cIAP-2 只保留一个 BIR 模序就能保证其抗凋亡的活性，那么 CARD 对于它们抗凋亡的的功能可能不是完全必需的（Roy *et al.*，1997）。但是，cIAP-1 能结合上同样含有 CARD 模序的 CARDIAK/RIP2/RICK 蛋白（McCarthy & Dixit，1998；Thome *et al.*，1998），CARDIAK/RIP2/RICK 能够激活 pro-ca-spase-1（Thome *et al.*，1998），一个同样含有 CARD 模序的 caspase 家族成员。

大小约为 528 kDa 的 DBRUCE 蛋白是 IAP 家族的另一个成员，它含有 UBC 模序，UBC 拥有泛素结合酶活性。尽管仍不能确定 DBRUCE 是否拥有抗凋亡的活性，但是有一点可以确信的是，DBRUCE 能给相关的凋亡蛋白一条泛素化降解的途径。在家族的另一成员 NIAP 中则还有一个 P-loop 模序，P-loop 模序与一些 ATP/GTP-binding proteins 相似，但它究竟是否结合腺嘌呤核苷酸，并作为 NIAP 抗凋亡的必要组成部件仍不清楚（Roy *et al.*，1997）。各物种的 IAP 结构对比如图 1－8 所示（Deveraux *et al.*，1999）。正是 IAP 家族在结构上的如此多样性，赋予了它们丰富的功能，给我们划分它们的亚组提供了依据。

2．IAP 蛋白的功能

IAP 蛋白与细胞凋亡的关系：与 P35 和 P49 抑制凋亡的途径不同，IAP 蛋白不是一个 caspase 自杀性的底物。它更多的不是直接作用于效应 caspases，而很可能是阻断上游某种起始 caspases 的活化或者直接干扰其活性，从而阻断细胞凋亡，因此其作用位点应该在 P35 的上游（LaCount *et al.*，2000；Manji *et al.*，1997；Seshagiri & Miller，1997）。（图 1－9）

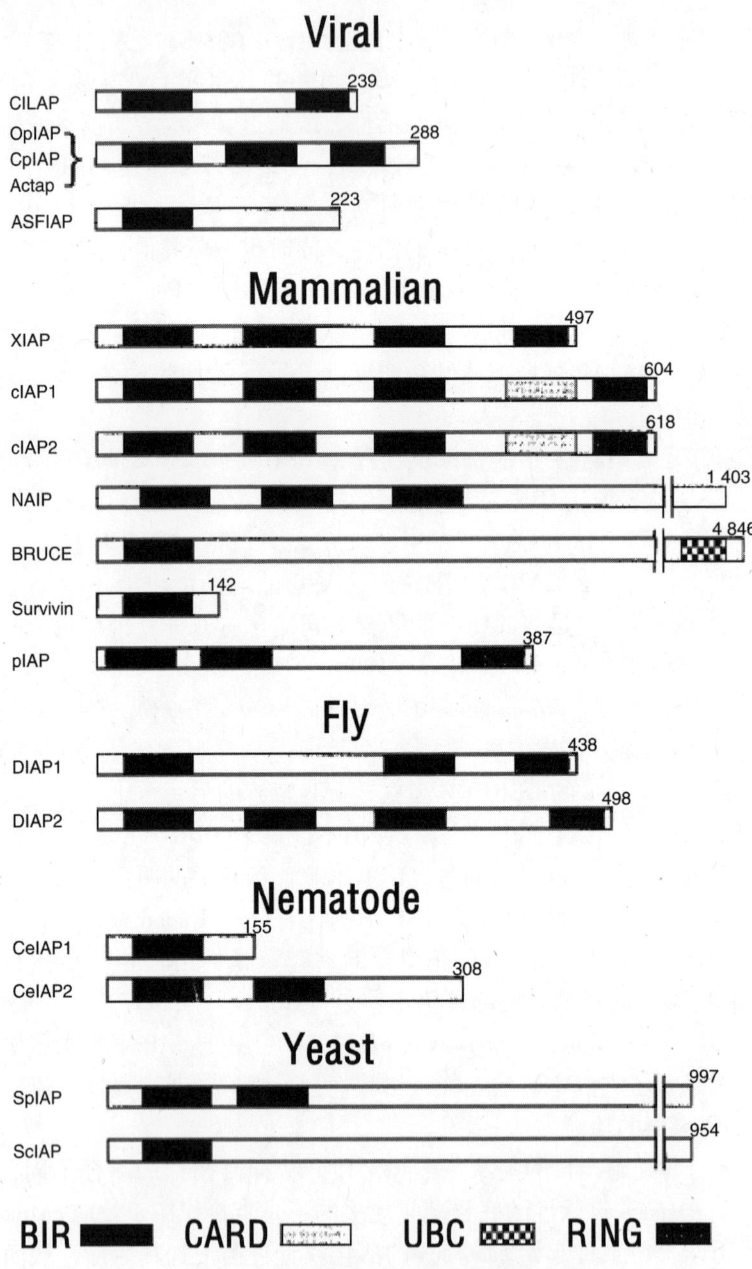

图 1－8　包含 BIR 基序的蛋白结构示意

（引自 Deveraux *et al.*，1999）

Fig. 1－8　Structures of BIR domain-containing proteins

（Deveraux *et al.*，1999）

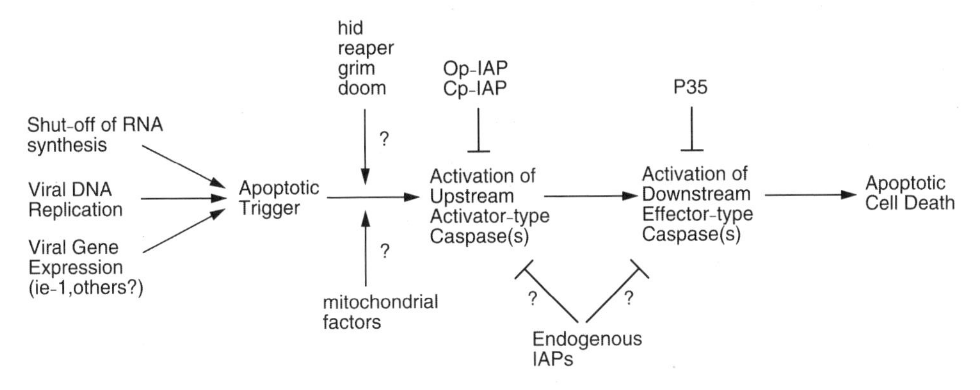

图 1－9　杆状病毒诱导Sf21细胞凋亡通路
（引自 Clem，2001b）
Fig. 1－9　Pathways of baculovirus-induced apoptosis in Sf21 cells
（Clem，2001b）

不同的 IAP 对 caspases 表现出不同的靶向活性，即使有相同的 caspase 靶向活性，其对 caspase 的抑制活性也大不相同，如 XIAP、cIAP-1、cIAP-2 都可抑制 caspase-3、caspase-7，但能力却相差了几十倍（Roy *et al.*，1997；Takahashi *et al.*，1998）。这可能是由与 IAP 不同的 BIR 结构差异所引起的。最先被发现的 Cp-IAP 不单能抑制宿主细胞的凋亡，而且能够抑制哺乳动物的起始 caspase-9（Huang *et al.*，2000），但是不能抑制效应 caspase-3、caspase-7。而黄衫毒蛾 Orgia pseudotsugata M. 的 OP-IAP3 能够抑制效应 caspase Sf-caspase-1 的前体，阻止其被切割活化，却不能抑制被活化的 Sf-caspase-1（Seshagiri & Miller，1997），但是不像 OP-IAP 那样能抑制 caspase-9。XIAP 可作用于 caspase-1（Manji *et al.*，1997），也可以作用于 caspase-3、caspase-7（Roy *et al.*，1997；Takahashi *et al.*，1998）。cIAP-1、cIAP-2 两者都能抑制 caspase-3、caspase-7。

目前研究得最为清楚的 IAP 是 XIAP，它是研究凋亡抑制的模式蛋白。XIAP定位于人类 X 染色体上的 Xq25，XIAP 在几乎所有的成人组织中除了外周白血细胞中都有表达（Liston *et al.*，1996）。XIAP 的靶向 caspase 是 caspases-3、caspases-7 和 caspases-9，但对它们的抑制机制不尽相同（Deveraux *et al.*，1999）。最初认为通过 XIAP 的 BIR2 模序直接与 caspase-3、caspases-7 作用，后来的研究证实 XIAP 是通过 BIR2 模序 N 端的连接区直接与 caspase-3、caspases-7 发生结合，封闭了 caspase 的催化部位，致使底物无法进入，而 BIR2 模序本身只是形成一个有利连接区与 caspase 作用的构象（Huang *et al.*，

2001；Riedl *et al.*, 2001；Chai & Shi, 2001）。而抑制 caspase-9 则是通过 XIAP 的 BIR3 模序进行的，pro-caspase-9 会在第315 位的 Asp 发生切割，生成2 个亚基，其中羧基段的小亚基有一个四肽的 IAP 结合模序（IAP binding motifs, IBM），XIAP 的 BIR3 模序能识别并结合上此模序，形成一个 BIR-caspase9 异源二聚体，致使 capase-9 单体无法形成有活性的 caspase9-caspase9 同源二聚体，从而无法切割并激活下游的 caspase-3，进而抑制了细胞的凋亡。

1.9 RNAi 技术

1.9.1 RNAi 的发现与发展

1995 年，康奈尔大学的 Guo 等在利用反义技术特异性地抑制秀丽新小杆线虫（C. elegans）*par*-1 基因表达时，奇怪地发现反义 RNA 与作为对照的正义 RNA 链都能够阻断 *par*-1 基因的表达，对这个奇怪的现象，该研究小组百思不得其解（Guo & Kemphues, 1995）。直至1998 年 Fire 等证实，遇到的正义抑制基因表达的现象，是由体外转录所得中污染了微量 dsRNA 而引起，纯化后的单链 RNA（single-stranded RNA, ssRNA）很难导致基因敲除型的表型（Fire *et al.*, 1998）。该小组将这种由 dsRNA 引发的特定基因表达受抑制现象称为 RNAi。这是生物学界首次对 RNA 干扰现象进行命名。

随后的研究发现，RNAi 现象被发现广泛地存在于从真菌到植物，从无脊椎动物到哺乳动物的各种生物中（Bosher & Labouesse, 2000；Plasterk, 2002；McManus & Sharp, 2002），是生物体经长期进化产生的一种抵抗异常基因活动（病毒核酸的复制、转座子的活动及转基因的表达）的防御系统。RNAi 的表现形式是多种多样的，除动物中的 RNAi 外，还包括在植物中的 PTGS、共抑制（cosuppression）及 RNA 介导的病毒抗性、真菌的抑制（quelling）现象等（Cogoni *et al.*, 1994）。利用 dsRNA 可以特异性地降解与之有同源序列的 mRNA，从而特异性地阻断相应基因的表达。目前，RNAi 已发展成为一种高效的遗传学实验技术，用于特异性地降低（knockdown）或关闭某些基因的表达，产生基因功能缺失型或基因敲除型表型。RNAi 技术已被广泛用于新基因筛选、基因功能鉴定、信号转导研究及基因治疗等方面（Dykxhoorn *et al.*, 2003；Zamore, 2002；Sharp, 2001），并显示了非常广阔的应用前景。

1.9.2 RNAi 作用机制

RNAi 作用机制模型认为 RNAi 过程包括两个阶段（见图 1－10）（Hannon, 2002)：①起始阶段，各种方式产生的双链RNA（double-stranded RNA, dsRNA）由Rde-1（RNAi defective）/Ago-1（argonaute）和Rde-4蛋白介导，被细胞浆内dsRNA特异的RNA酶类核酸酶（又称为Dicer酶）切割成21～25 bp的小干涉RNA（small interfering RNA, siRNA）。②效应阶段，双链siRNA与RNA诱导的沉默复合物（RNA-indecing silencing complex, RISC）结合，形成siRNA蛋白复合物（siRNA-protein complex, siRNP）；双链siRNA解链使RISC激活，激活的RISC由单链siRNA引导识别结合同源靶RNA，然后由核酸内切酶在同源结合区中央将靶RNA切断，最后由核酸外切酶降解靶RNA。从Dicer切割dsRNA产生siRNA到靶RNA被降解，整个过程均在细胞浆中发生（Zeng & Cullen, 2002）。

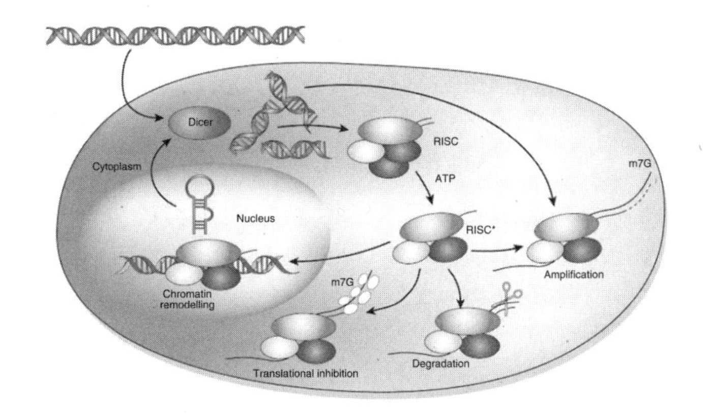

图1－10　RNAi作用机制示意

（引自Hannon, 2002）

Fig. 1－10　A model for the mechanism of RNAi

(Hannon, 2002)

1.9.3　RNAi机制中的主要成员

1. Dicer酶

Dicer酶首先是在果蝇中发现的，随后在植物、真菌、线虫及哺乳动物细胞中也找到了其同源基因，可见该酶是一个进化上保守的蛋白质，也提示RNAi是生物体内的一种古老的而广泛存在的生理现象（Bernstein *et al.*, 2001）。研究表明，Dicer酶是RNase Ⅲ家族中特异识别双链RNA的一员，它能以一种ATP依赖的方式逐步切割由外源导入或者由转基因、病毒感染等各种方式引入的dsRNA，将RNA降解为21 bp的dsRNAs，每个片段的3’端都有 2 个碱基突出（Zamore *et al.*, 2000）。

2. RISC 复合体

RNAi 的效应器 RISC 复合体的成分和确切作用机制还不完全清楚。从功能上分析，RISC 复合体具有解螺旋酶核酸酶（可能与 Dicer 类似）的功能，可将小分子 RNA 双链解旋从而激活 RISC，这是一个 ATP 依赖的过程（Nykanen *et al.*, 2001）。RISC 复合体是一个结构复杂的核蛋白（ribonucleoprotein，RNP）。生化研究的观点认为，每个仅含有一个 siRNA 和一个剪切核酸的蛋白，其组成成分目前还没有完全搞清楚。然而在线虫和植物中的遗传学分析表明，依赖 RNA 的 RNA 聚合酶（RNA-dependent RNA polymerase，RdRp）对 RNAi 是必需的。

RISC 复合体的核酸部分是 RNAi 的效应分子 siRNA 或 miRNA，也是最早被鉴定的成分。蛋白组分较复杂，多数蛋白的功能还不清楚，并且不断有新的蛋白被发现，到目前为止在果蝇中发现了 5 种，在哺乳动物细胞中发现了 4 种。目前还没有分离鉴定出 RISC 复合体中的核酸酶。RISC 复合体的成员和结构灵活多变，不同组合在不同组织细胞及不同水平（转录水平、转录后水平及翻译水平）发挥基因沉默效应，Argonaute 家族蛋白可能在 RISC 复合体中起中心平台的作用，为其他因子在需要的时候提供活动场所。RISC 复合体是 RNAi 的核心，其精确机制的研究仍是今后 RNAi 研究的重点。

1.9.4 用 RNAi 方法研究特定基因功能的技术路线

近年来随着双链 RNA 合成技术的进步，RNAi 技术在多个领域内被广泛应用，包括功能基因组学、遗传学、干细胞生物学及信号传导规律的研究。最初由于长 dsRNA 应用于哺乳动物体细胞时并没有发生 RNAi，而是激活干扰素系统诱发了对蛋白合成的非特异性抑制，而后 siRNA 的发现使得 RNAi 技术能应用于哺乳动物中，进一步扩展了 RNAi 技术的应用范围（Cogoni & Macino, 2000）。以下简单介绍 RNAi 研究特定基因功能的技术路线（如图 1－11 所示）。

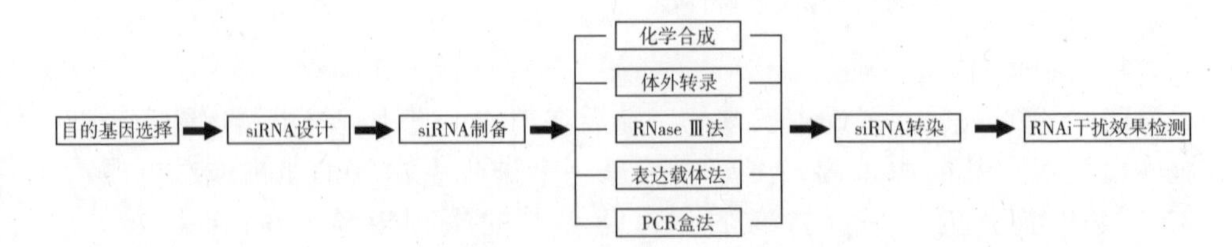

图 1－11　RNAi 研究基因功能技术路线

Fig. 1－11　The route of studying gene function by RNAi technology

1. 选择目的基因

首先确定研究的基因并搜索到此基因的完整序列。

2. siRNA 设计

RNAi 作用的成功与否，关键在于 siRNA 序列的结构。不同的 siRNA 序列沉默基因的效率差别很大。因此，能否设计出有效 siRNA 就成为实验成功的一个关键因素。在制备 siRNA 前都需要单独设计 siRNA 序列。研究发现对哺乳动物细胞，最有效的 siRNAs 是 21～23 个碱基大小、3' 端有 2 个突出碱基的双链 RNA；而对非哺乳动物，比较有效的是长片段 dsRNA。siRNA 的序列专一性要求非常严格，与靶 mRNA 之间一个碱基错配都会显著削弱基因沉默的效果。

选择 siRNA 靶位点原则如下：

（1）在所选基因的启动子后 50～100 个碱基自 5'-端开始。

（2）寻找基因序列中的 23 个碱基，最好是 5'-AA（N19）TT-3'（N 是任何碱基）。

（3）如果找不到 4 个以上 AA（N19）TT，则用 AA（N21）补足。

（4）如果找不到 4 个以上 AA（N21），则用 NA（N21）补足。

（5）所选定序列中，G 和 C 的数目的总和在总数（23）的 35%～55%。

（6）满足以上 1～5 项要求的片段数目如果不足 4 个，将 G 和 C 的数目的总和放宽至总数（23）的 30%～70%。

（7）选好上述序列后，以此确定所需合成双链 RNA oligo 的序列。

（8）正义序列（N19）TT 与上述选定的 23 个碱基序列中的第 3～23 个碱基相同。

（9）反义序列的 3'-5' 的序列与目标序列中的第 1～21 个碱基互补，即 A 变成 T，C 变成 G，T 变成 A，G 变成 C。

（10）将反义序列 3'-5' 改写成 5'-3'。

（11）将最后所得序列中除 3'- 末端的两个碱基之外的所有碱基中的 T 都用 U 来替代。最后每 3 个组成 1 个字节，中间断开。

（12）将所选定的正义序列和反义序列与 gene bank 中已知同物种的基因序列进行比较，确定其唯一性。

3. siRNA 的获得

siRNA 的合成方法主要包括体外制备和体内表达两种。化学合成、体外转录、长片断 dsRNA 经 RNase Ⅲ类降解等方法属于体外制备 siRNA 技术，而通过 siRNA 质粒表达载体或者病毒表达载体，PCR 制备的 siRNA 表达框架体系（siRNA expression cassettes，SECs）则是在细胞中表达 siRNA 的技术。

4. RNAi 效果检测

RNAi 分子水平的检测主要通过 mRNA 和蛋白两个方面进行检测。对于 mRNA，可以采用 RT-PCR、定量 PCR 或 northern 杂交等，通过信号强弱判断目的基因的沉默效果（Karlas *et al.*，2004）。由于生命的执行者是蛋白，因此还需要对蛋白水平进行检测，可通过 western 杂交、ELISA、免疫荧光等方式进行。当然 RNAi 最大及最终的效果是细胞的代谢过程、生理生化系数等表型参数发生明显的变化。

与传统的基因敲除等基因沉默技术相比，RNAi 技术具有投入少、周期短、操作简单等优势。近来 RNAi 在杆状病毒基因功能研究中也发挥了主要作用（Means *et al.*，2003；Ikeda *et al.*，2004；Quadt *et al.*，2007）；成功用于构建转基因动物模型的报道也日益增多，标志着 RNAi 将成为研究基因功能不可或缺的工具。不仅如此，RNAi 技术还将可能成为研究细胞信号传导通路与基因治疗的新途径。

第 2 章　*Splt-iap*4、*Splt-p*49 的基因转录和翻译研究

SpltNPV 已于 2001 年由本实验室完成基因组测序工作（Pang *et al.*, 2001），经计算机辅助分析显示，SpltNPV 全基因组中含有两个抗凋亡相似基因 *Splt-iap*4 和 *Splt-p*49。BLAST 分析表明，Splt-IAP4 与 SlNPV IAP 有 74% 的氨基酸同源性，Splt-P49 与 AcMNPV 中的 P35 的氨基酸同源性为 31%。为了进一步研究这两个基因的特征，本章首先进行了基因的转录和表达检测。

2.1　材料与方法

2.1.1　材料

1. 昆虫、病毒和细胞

斜纹夜蛾幼虫由本实验室养虫室提供，为人工饲料饲养的健康幼虫，人工饲料配方参考资料（庞义，1988；李广宏，1998），饲养温度（27 ± 1）℃，光照时间为白天 14 h，黑夜 10 h。

野生型斜纹夜蛾核多角体病毒（SpltNPV）中山大学分离株（ZSU strain）由本实验室保存。

斜纹夜蛾细胞系 TUAT-SpLi221（SpLi-221）（Yanase *et al.*, 1998b）由苏智慧博士惠赠。用 10% 胎牛血清的 Grace's 培养基（Invitrogen）27 ℃培养。

2. 质粒载体和受体菌株

（1）质粒载体。质粒 pMD18-T 载体（见图 2 – 1）购自 TaKaRa 公司；pQE30 表达载体购自 QIAGEN 公司，其质粒图谱和多克隆位点如图 2 – 2 所示。

（2）受体菌株。大肠杆菌（*Escherichia coli*, *E. coli*）TG1 为本实验室保存，基因型为：

TG1：*supEhsd*Δ5 *thi* Δ（*lAc-proAB*）F'［*traD*36 *proAB* + *lAcIq lAc*ZΔM15］。

大肠杆菌 M15 购自 Qiagen 公司，菌体中含有多拷贝的 pREP-4 质粒，并具有卡那霉素抗性。（见图 2 – 3）

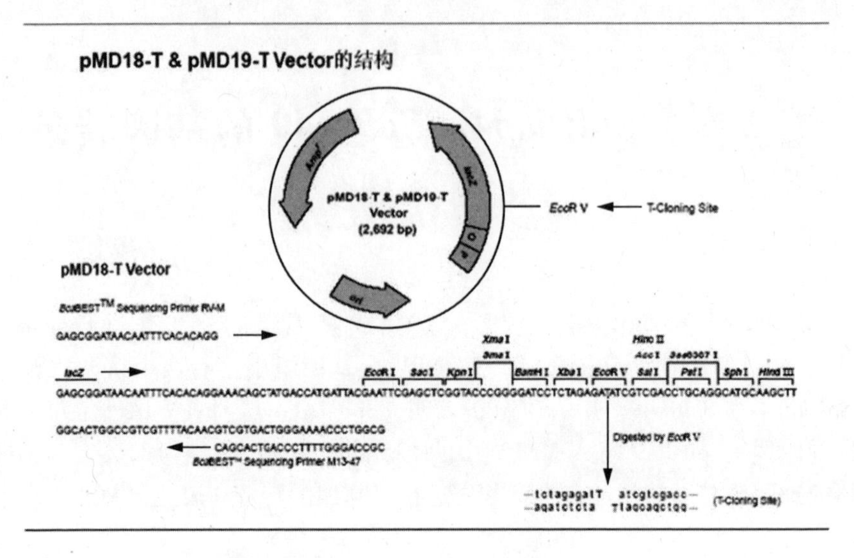

图 2－1　pMD18-T 载体图及多克隆位点

Fig. 2－1　pMD18-T vector and its multiple cloning sites

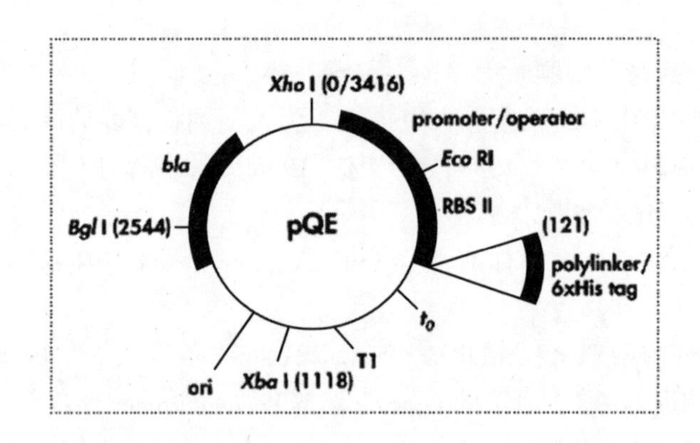

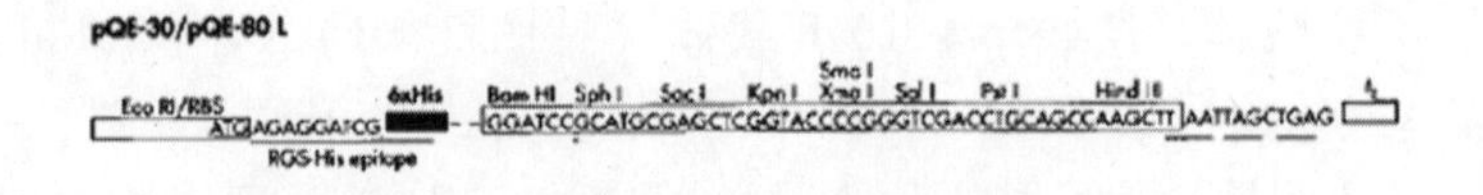

图 2－2　pQE 载体图及 pQE30 的多克隆位点

（引自 The QIAexpressionist）

Fig. 2－2　pQE vector and multiple cloning sites of pQE30

（The QIAexpressionist）

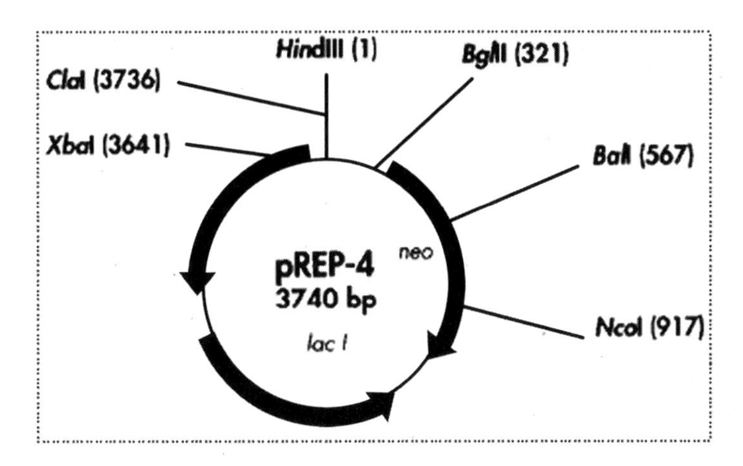

图 2－3　pREP-4 酶切图谱
（引自 The QIAexpressionist）
Fig. 2－3　Restriction map of pREP-4
（The QIAexpressionist）

3．试剂

DTT 为 Sigma 产品。

4．培养基

Grace's 培养基：在 Grace's（GIBCO 产品）培养基中补加 10% 的胎牛血清（GIBCO）、终浓度为 2 万单位/毫升的青霉素及终浓度分别为 1 万单位/毫升的链霉素和卡那霉素。

5．限制性内切酶及其他酶类

限制性内切酶、T4 DNA 连接酶、ExTaq 酶购自 TaKaRa 公司，Taq 酶购自上海博彩生物科技公司；RNase A 购自 Qiagen 公司；蛋白酶 K（proteinase K）购自 Roche Applied Science 公司，配成 10 mg/mL 贮藏溶液，－20 ℃保存。

6．试剂盒

RNA 提取试剂盒（RNeasey Mini Kit）及 DNase 消化试剂盒（RNase-Free DNase Set）购自 Qiagen 公司。RT-PCR 试剂盒［RNA PCR Kit（AMV）Ver. 3.0］购自 TaKaRa 公司。胶片（Amersham Hyperfilm ECL 5 * 7 in）和蛋白显色试剂盒（ECL Plus Western Blotting Detection Reagents）购自 Amersham 公司，质粒提取试剂盒（Plasmid Min Kit）及胶回收试剂盒（Gel extraction kit）购自 Omega 公司。

7．溶液

（1）琼脂糖凝胶电泳缓冲液。

TAE buffer：24.2 g Tris 碱、5.71 mL 冰乙酸、1.7 g EDTA，定容至 5 000 mL。

（2）SDS 聚丙烯酰胺凝胶电泳（SDS-PAGE）缓冲液。

染色液Ⅰ：50%甲醇、10%冰乙酸、40% ddH_2O（脱色 1～4 h）。

染色液Ⅱ：5% 甲醇、7% 冰乙酸、88% ddH_2O（脱色兼保存）。

电泳缓冲液（4×）：6 g Tris 碱、28.8 g 甘氨酸，加 ddH_2O 至 500 mL。

Tris 缓冲液（pH 8.8）：36.3 g Tris 碱、48 mL 1N HCl，加 ddH_2O 至 100 mL。

Tris 缓冲液（pH 6.8）：5.98 g Tris 碱、48 mL 1N HCl，加 ddH_2O 至 100 mL。

10×AP 缓冲液：称取 0.1 g 过硫酸铵溶于 1 mL ddH_2O 中。

上样缓冲液（2×）：10% SDS 4 mL、甘油 2 mL、β－羟基乙醇 1 mL、浓缩胶缓冲液 1.25 mL、双蒸水 1.75 mL，溴酚蓝 2 mg。

30%丙烯酰胺母液：将 29 g 丙烯酰胺和 1 g N,N'－亚甲双丙烯酰胺溶于 60 mL。ddH_2O 中，加热至 37 ℃溶解，定容至 100 mL，滤纸过滤，4 ℃避光保存备用。

（3）western blotting 缓冲液和使用的抗体。

转移缓冲液（1 000 mL）：250 mL 4×电泳缓冲液、200 mL 甲醇，加水至 1 000 mL。

20×TBS 缓冲液：1 mol/L Tris-HCl、3 mol/L NaCl，用浓 HCl 调至 pH 为 7.4。

TBST：1×TBS 中加 Tween-20 至 0.05%。

maleic acid 溶液：0.1 mol/L Maleic acid、0.15 mol/L NaCl，用 NaOH 调 pH 至 7.5。

封闭液（blocking solution，1×）：将 1 g 封闭剂（blocking reagent）溶于 maleic acid 溶液中，定容至 100 mL，－20 ℃保存。

第二抗体：HRP－标记的驴抗兔 IgG 购自 Amersham 公司。

硝酸纤维素膜（NC）为 Pall-Gelman 公司产品。

（4）裂解缓冲液。

0.2 mol/L Na_2CO_3、0.02 mol/L EDTA、0.34 mol/L NaCl（pH 10.9）。

（5）其他溶液。

磷酸盐缓冲液（PBS）：1 mmol/L $Na_2HPO_4 \cdot 7H_2O$、10.5 mmol/L KH_2PO_4、140 mmol/L NaCl、40 mmol/L KCl，pH 6.2。

8. PCR 引物

本章所用引物序列见表 2－1，引物由上海英骏生物工程公司合成。

表 2－1　PCR 扩增所用引物

Table 2－1　PCR primers used for application

引物名称	SpltNPV 基因组中的位置	序列（5'-3'）	限制酶
Splt-iap41	58578-58597	AGATCTATCTAAAGCCACCAAATCCA	*Bgl* Ⅱ
Splt-iap42	58876-58895	AGGCCTACTTTTCACAAACGACCACA	*Stu* Ⅰ
Splt-p491	50688-50707	AGATCTTTGAGTGATAGTTCGTTGCG	*Bgl* Ⅱ
Splt-p492	51768-51787	AGGCCTTTCTGATTGTTTTCGTGCGT	*Stu* Ⅰ

下划线为酶切位点。

2.1.2　方法

1. 用 SpltNPV 病毒感染细胞与病毒滴度测定

在 35 mm 培养皿中以 0.5×10^6 个细胞/孔密度接种对数生长期的 SpLi-221 细胞；待细胞贴壁 1 h 后，移出培养基，SpltNPV 病毒血淋巴以感染复数为 1 感染细胞，27 ℃培养 1 h 并间隔摇动培养板；1 h 后弃感染液，以无抗生素无血清 Grace's 培养基洗 2 次，然后加入 Grace's 培养基继续培养，加入病毒即开始计时，分别于感染后 0、6、12、24、48 和 72 h 收集取样，3 000 r/min 离心 10 min，弃上清，细胞沉淀先放入液氮速冻 30 min，再放入 －70 ℃保存备用。

采用终点稀释法对病毒进行定量，并按实验要求的 MOI（感染复数）对细胞进行感染（O'Reilly *et al.*, 1992）。用新鲜的 Grace's 培养基悬浮 Se301 细胞（密度为 1×10^6/mL）备用。用新鲜的 Grace's 培养基对 BV 做 10 倍系列稀释，稀释范围为 10^{-9}～10^{-1}，每个稀释度准备 90 μL（每孔 10 μL，每个稀释度接种 10 孔）。向每个稀释度的病毒液中加入 90 μL 的细胞悬液，混匀。将该病毒－细胞混合液接种到 60 孔板的各孔内，每孔接种 10 μL，每个稀释度接种 6 孔（一排）。由低浓度开始，最后一排加入健康细胞悬液作为对照。将培养板放入27 ℃温箱，保湿培养 4～6 天，观察细胞出现的感染症状。记数各个稀释度病毒－细胞混合物接种的培养孔中出现病毒和未出现病毒的孔数目。

按下列方法计算 $TCID_{50}$

$TCID_{50}/mL = 10\ (a+x)\ \times 200/mL$

其中：

$a=\log n$；

n = 感染率高于 50% 的最接近稀释度；

$b = n$ 稀释度的感染率；

c = 低于 n 的最接近稀释度的感染率；

$x = (b - 50\%)/(b - c)$。

2．活细胞计数

在病毒感染细胞后不同时间点上，使用台盼蓝拒染法（鄂征，1992）对活细胞进行计数。首先吸净培养液，用 PBS 平衡盐溶液（pH 7.2）洗细胞两次，用终浓度为 0.08% 的台盼蓝溶液对细胞染色，活细胞拒染，而死细胞被染成蓝色。在光学显微镜下随机计数 3 个视野，以正常对照细胞数为基数，计算细胞成活率。

3．在离体培养细胞中增殖病毒

大量培养 Se301 细胞，待至长成单层时用病毒感染。方法是吸尽培养液，按 MOI 大约为 5 的接种量接种病毒粒子，室温吸附 1 h（每隔 5～10 min 轻轻晃动培养瓶以利病毒充分吸附到细胞上），吸弃病毒液，加入新鲜培养基，27 ℃培养 60～72 h，收集细胞上清（留作毒种的病毒感染细胞不超过 9 代，以防突变产生，在 4 ℃下贮存不超过 1 年，以防毒力丧失），4 ℃保存备用。

4．病毒的虫体增殖

参照（O'Reilly *et al.*，1992）进行，将病毒多角体涂布于人工饲料表面喂饲感染 4～5 龄的昆虫幼虫，连续涂布感染 3 次，每次感染以幼虫食完饲料为度。感染 4～5 天后收集呈现典型病毒感染症状的幼虫（虫体倒挂，身体肿胀，呈灰白色），置室温下静置 2～3 天让其自然发酵（病毒进一步成熟和虫体进一步液化）。

5．病毒 DNA 纯化

用 10 倍的 PBS（6.8）悬浮发酵的虫尸，经双层纱布过滤，滤液经 3 000 r/min 离心 10 min，沉淀物重悬于适量 PBS 中，600 r/min 离心 5 min，收集上清。如此重复 3～4 次，直至多角体悬浮液呈乳白色，光学显微镜检查在多角体悬液中杂质很少，即为较纯的病毒多角体。进行 DNA 提取时，取 100 μL 病毒多角体悬液，加入等体积的裂解缓冲液，37 ℃作用 15 min 至病毒悬液较澄清，加入 200 μL 2% SDS 和 25 μL 蛋白酶 K（10 μg/μL），50 ℃作用 30 min，至病毒悬液完全澄清，用酚、酚:氯仿、氯仿:异戊醇依次小心轻柔抽提，最后乙醇沉淀。

6．病虫血淋巴制备

用 70% 乙醇将病虫表面消毒，剪开腹足，血淋巴滴入含 0.1% 苯基硫脲的 Grace's 培养基中，3 000 r/min 离心 10 min，除去血淋巴细胞，取上清保存供接细胞用。

7. 总 RNA 的提取及 Dnase 消化

按 Qiagene Rneasey Mini Kit 及 RNase-Free DNase Set 操作手册进行。

8. RT-PCR

按 TaKaRa RNA PCR Kit（AMV）Ver. 3.0 操作手册进行。

取 0.4 μg 总 RNA 为模板，首先通过 AMV 反转录酶（Avian Myeloblastosis Virus reverse transcriptase）和锚定引物（oligo-dT primers）进行反转录合成第一条 cDNA 链。反应体系如下：

$MgCl_2$（25 mmol/L）　4 μL

10 × buffer　2 μL

dNTP（10 mmol/L）　2 μL

RNase Free dH_2O　8.5 μL

RNase Inhibitor（40U/μL）　0.5 μL

AMV 反转录酶（5U/μL）　1.0 μL

oligo-dT primers（50p mol/μL）　1 μL

总 RNA 0.4 μg

总体积 20 μL

反转录反应条件：30 ℃，10 min→45 ℃，30 min→99 ℃，5 min→5 ℃，5 min。

PCR 反应，按下列反应体系配反应液：

ddH_2O 40 μL

10 × PCR buffer 5.0 μL

dNTP（10 mmol/L）1.0 μL

Primer U 1.0 μL（10 μmol/L）

cDNA 2.0 μL

Taq polymerase 1.0 μL（2.5 U）

Total volume 50 μL

按以下条件进行 PCR 反应：第一阶段，94 ℃、5 min，1 个循环；第二阶段，94 ℃、60 s，55 ℃、60 s，72 ℃、1.5 min，共 35 个循环；第三阶段，72 ℃延伸 10 min；最后 4 ℃保存。反应结束后，取反应液 5 μL 进行凝胶电泳，确认反应产物，剩余的反应液置于 -20 ℃保存，以备后续实验使用。

引物序列见表 2-1。其中引物对 Splt-iap41、Splt-iap42 用于检测 *Splt-iap*4 基因的转录本；引物对 Splt-p491、Splt-p492 用于检测 *Splt-p*49 的转录本，以 RNA 为模板进行 PCR 扩增，以检测模板是否存在 DNA 污染。

9．SDS－聚丙烯酰胺凝胶电泳（SDS-PAGE）

收集细胞上清，加等量的2×蛋白上样缓冲液，于沸水中煮5～10 min，按常规方法在Bio-Rad小型蛋白电泳仪上进行恒流电泳。浓缩胶5%，分离胶浓度则要根据目的蛋白条带的大小来决定。电泳结束后，用考马斯亮蓝染色后再用脱色液进行脱色，观察蛋白带型。

10．western blotting

取一张与凝胶大小相同的硝酸纤维素膜（NC）及两张与转印夹内侧面大小相同的滤纸，浸入转印缓冲液中约30 min；浸透后，垫海绵于转印夹上，再放滤纸，然后将刚电泳完毕的凝胶平贴在滤纸上，其上放置NC膜，再放滤纸、海绵，注意各层之间不得有气泡，扣紧转印夹；放入预先注有转印缓冲液的转印槽中，NC膜侧接正极，200 mA转印1 h；将膜置于1%封闭液中，室温缓慢摇动1 h或于2～8 ℃静置过夜。弃封闭液，加入稀释于1%封闭液中的第一抗体，于室温缓慢摇动1 h。室温下用TBST洗膜4×10 min，然后将膜置于稀释在1%封闭液中的二抗混合液中，二抗终浓度为800 mU/mL，室温缓慢摇动1 h。室温下用TBST洗膜4×10 min。加入适量体积的底物显色溶液（NBT+BCIP），室温静置观察颜色反应，颜色反应达到预期的要求后，用水洗膜5 min以终止反应。硝酸纤维素膜用滤纸吸干，室温保存。

2.2 结果与分析

2.2.1 *Splt-iap*4转录时相

为确定*Splt-iap*4基因在SpltNPV感染SpLi-221时是否转录，收取病毒感染后不同时间细胞样品提取其总RNA，进行RT-PCR分析，结果如图2－4所示。病毒感染后3 h直至24 h能检测到*Splt-iap*4基因的转录本，但病毒感染后3～5 h检测到的转录本较弱，病毒感染后7 h至24 h才能检测到较强的转录本。RNA PCR的对照样品中均未检测到任何基因转录产物，说明RNA模板中无DNA污染。

2.2.2 *Splt-p*49转录时相

为确定*Splt-p*49基因在SpltNPV感染SpLi-221时是否转录，收取病毒感染后不同时间细胞样品提取其总RNA，进行RT-PCR分析，结果如图2－5所示。病毒感染后5～24 h能检测到*Splt-p*49基因的转录本，但病毒感染后5 h检测到的转录本较弱，病毒感染后7 h至24 h才能检测到较强的转录本。RNA PCR

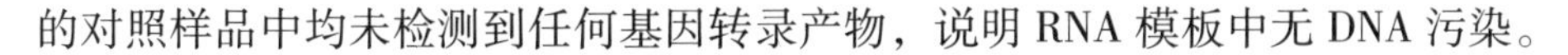
的对照样品中均未检测到任何基因转录产物，说明 RNA 模板中无 DNA 污染。

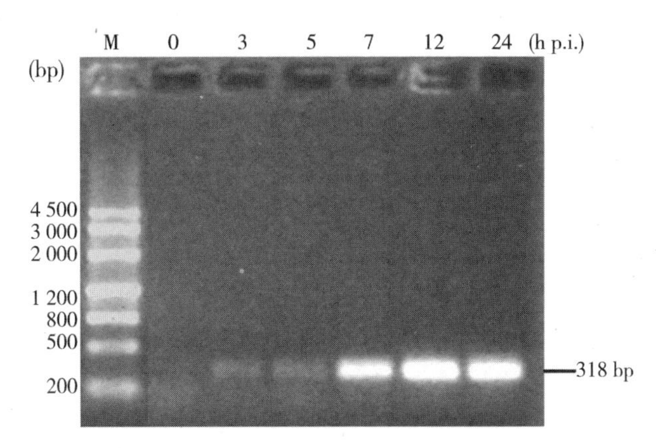

图 2－4　*Splt-iap*4 在 SpltNPV 感染的 SpLi-221 细胞中的转录时相分析电泳

Fig. 2－4　RT-PCR analysis of the transcription of *Splt-iap*4 performed on total RNA extracted from SpLi-221 cells infected with SpltNPV at different time points post infection（p. i.）Time points post infection（hours）are indicated above the lanes（Mi, mock infected）. Size standards（Marker Ⅲ）are indicated in bp

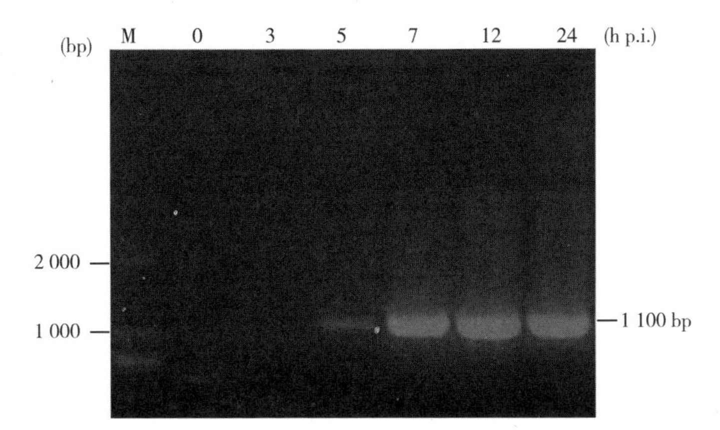

图 2－5　*Splt-p*49 在 SpltNPV 感染的 SpLi-221 细胞中的转录时相分析电泳

Fig. 2－5　RT-PCR analysis of the transcription of *Splt-p*49 performed on total RNA extracted from SpLi-221 cells infected with SpltNPV at different time points post infection（p. i.）Time points post infection（hours）are indicated above the lanes（Mi, mock infected）. Size standards（Marker Ⅲ）are indicated in bp

2.2.3 *Splt-iap*4 表达时相

收取 SpltNPV 感染后不同时间 SpLi-221 细胞样品用 *Splt-iap*4 的抗血清进行 western blotting 分析检测 *Splt-iap*4 是否表达，结果如图 2－6 所示。从感染后 12 h起直至 72 h 都能检测到大小为 32 kDa 的特异性蛋白带。Splt-IAP4 蛋白预期分子大小为 16 kDa，检测到的 32 kDa 的特异性蛋白带推测 Splt-IAP4 蛋白在细胞中是以二聚体形式存在。

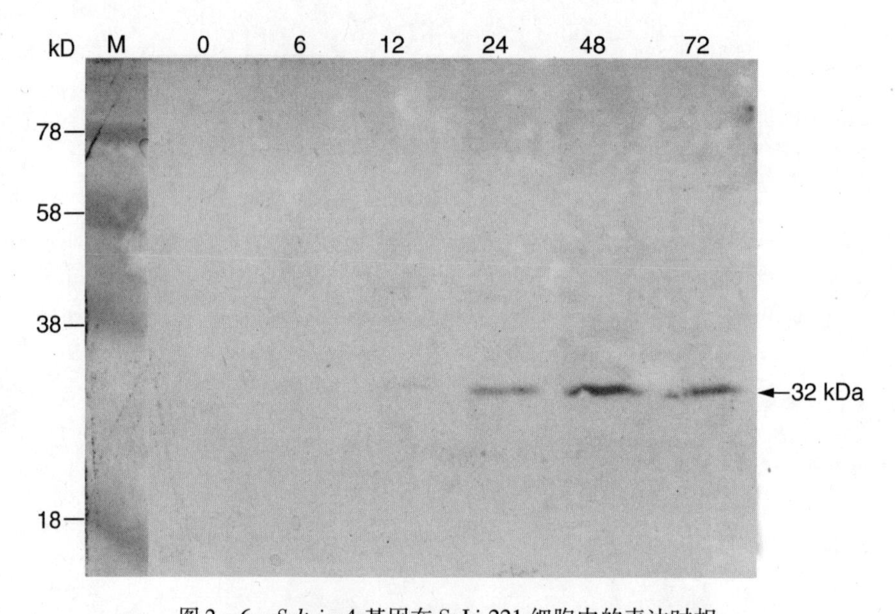

图 2－6　*Splt-iap*4 基因在 SpLi-221 细胞中的表达时相

Fig. 2－6　Time course of *Splt-iap*4 expression in SpltNPV-infected SpLi-221 cells Times p. i. are indicated above the lanes. The pre-stained protein standards (NEB) are indicated on the left and the corresponding band to *Splt-iap*4 is indicated on the right. Mi, mock infection

2.2.4 *Splt-p*49 表达时相

Splt-P49 的抗血清是通过体外合成短多肽免疫家兔而制成。收取 SpltNPV 感染后不同时间 SpLi-221 细胞样品用 Splt-P49 的抗血清进行 western blotting 分析检测 Splt-P49 是否表达，结果如图 2－7 所示。从感染后 12 h 起直至 72 h 都能检测到大小为 51 kDa 的特异性蛋白带。

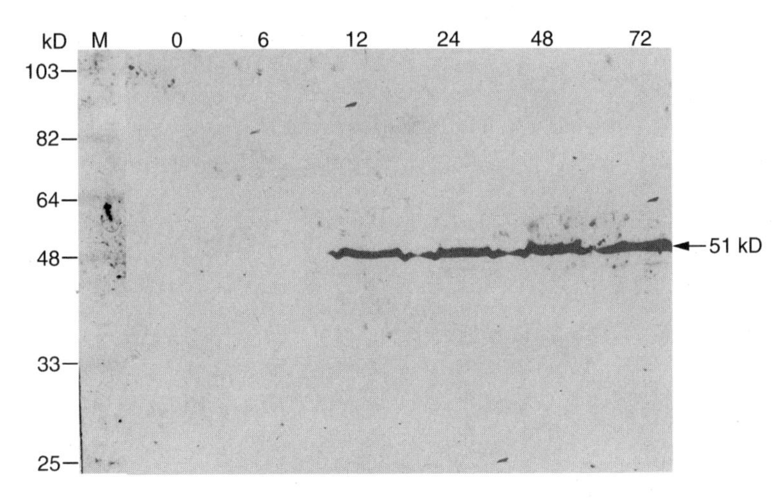

图 2－7　*Splt-p*49 基因在 SpLi-221 细胞中的表达时相

Fig. 2－7　Time course of *Splt-p*49 expression in SpltNPV-infected SpLi-221 cells

Times p. i. are indicated above the lanes. The pre-stained protein standards（NEB）are indicated on the left and the corresponding band to *Splt-p*49 is indicated on the right. Mi，mock infection

2.3　讨论

本章结果显示 *Splt-iap*4 基因从 SpltNPV 感染 SpLi-221 细胞后 3 h 和 5 h 都能检测到微弱的转录本，感染后 7 h 转录本增强直至感染后 24 h 一直都能检测到。*Splt-p*49 基因从 SpltNPV 感染 SpLi-221 细胞后 5 h 有微弱转录本存在，7 h 至 24 h 检测到较强转录本。

经计算机分析 *Splt-iap*4 的开放读码框在其 5’ 非编码区中存在一个杆状病毒晚期启动模序 ATAAG 和一个杆状病毒早期启动模序 CATT，转录结果符合早晚期转录的结构。*Splt-p*49 基因计算机软件分析结果表明在基因 5’ 非编码区上游存在一个杆状病毒早期启动子结构 CAGA 和一个真核生物启动子基序 TATA box（TATAA），*Splt-p*49 基因属于早期转录基因，转录结果符合预测。

蛋白表达检测结果显示 Splt-IAP4 蛋白从 12 h 开始至 72 h 一直能检测到其大小为 32 kDa 的蛋白条带；Splt-P49 从 12 h 开始至 72 h 一直能检测到其大小为 51 kDa 的蛋白条带。计算机预测 Splt-IAP4 蛋白的大小为 16 kDa，我们推测 32 kDa 的条带为其蛋白的二聚体形式；Splt-P49 蛋白预计分子量为51. 1 kDa，检测结果为其全长大小。

杆状病毒 *iap* 的研究中早有 IAP 能形成二聚体的报道：Op-IAP 只有在形成二聚体的形式时才具有抗凋亡的功能（Hozak *et al.*, 2000），研究表明 IAP 的二聚化对于 Op-IAP 发挥抑制细胞凋亡的功能是必需的。BIR 模序本身是一种锌结合模序（Zn-binding motif），能介导与多种蛋白的相互作用（Yamaguchi *et al.*,1999；Deveraux *et al.*,1998；Vucic *et al.*,1998a；Vucic *et al.*,1997；Harvey *et al.*,1997b；Rothe *et al.*,1995）；而 BIR 模序同时也是 IAP 抑制细胞凋亡必需的模序，由此推测，BIR 模序介导的这种 IAP 蛋白的二聚化或多聚化可能有助于 IAP 形成稳定的构象，更适宜于与一些细胞凋亡前导分子结合。形成二聚化的 IAP 蛋白并不多见，例如在体内 c-IAP1 和 c-IAP2 都没有发现存在二聚体或多聚体（Rothe *et al.*,1995），推测可能这种聚合对于那些只有一个或两个 BIR 模序的 IAP（比如 Op-IAP 和 SpltNPV IAP）更为重要。这种 IAP 蛋白聚合对于 IAP 抑制凋亡的意义和机理目前未有定论。

在 Splt-P49 的 N 端存在一个类似于 P35 的 $DQMD^{87}G$ 序列即 caspase 酶切位点的 $TVTD^{94}G$ 序列，这是一个 caspase 识别位点推测其通过作为 caspase 的底物被其切割为 40 kDa 和 10 kDa 大小的两个多肽而竞争性抑制该酶的活性，从而抑制细胞凋亡（Zoog *et al.*, 2002）。在本实验中 western blotting 结果只探测到全长大小的一个特异性条带，没有检测到被切割的两个多肽片断。当时公司合成短多肽位置为 N 端 387aa-400aa 处，免疫家兔制备抗体，所以蛋白起作用被剪切后大小为 10 kDa 带是检测不到的；由于 SpltNPV 在 SpLi-221 细胞中滴度较低，感染时的 MOI 最大只能达到 1，推测可能是由于其量太微弱所以检测不到，或者由于全长蛋白与被剪切的蛋白的识别位点不同导致合成多肽制备的抗体识别不了 40 kDa 大小的条带。

2.4 小结

（1）RT-PCR 结果显示，在 SpltNPV 感染 SpLi-221 中 *Splt-iap*4 基因的转录从病毒感染后 3 h 延续到感染后 24 h。western blotting 结果表明，分子量为 32 kDa的 Splt-IAP4 蛋白表达从感染后的 12 h 持续到感染后 72 h。

（2）在 SpltNPV 感染 SpLi-221 中 *Splt-p*49 基因的转录从病毒感染后 5 h 延续到感染后 24 h。western blotting 结果显示，分子量为 51 kDa 的 Splt-P49 蛋白表达从感染后的 12 h 持续到感染后 72 h。

第3章　应用 RNAi 技术研究 *Splt-iap*4 和 *Splt-p*49 基因功能

在 SpltNPV 中含有两个抗细胞凋亡基因 *Splt-iap*4 和 *Splt-p*49，当 SpltNPV 感染 SpLi-221 细胞时，究竟是哪个基因起了抗凋亡作用现在还不清楚。2003 年，Means 等人首次在杆状病毒中成功利用 RNAi 技术进行了凋亡基因功能研究（Means *et al.*, 2003），本章借鉴此方法分别对 *Splt-iap*4 和 *Splt-p*49 基因的抗凋亡功能进行了研究。

3.1　材料与方法

3.1.1　材料

1. 昆虫、病毒和细胞

斜纹夜蛾幼虫、野生型斜纹夜蛾核多角体病毒（SpltNPV）中山大学分离株和斜纹夜蛾细胞系 TUAT-SpLi221（SpLi-221）同第 2 章。

2. 质粒载体和受体菌株

（1）质粒载体。

质粒 pCAT® 3-Basic 购于 Promega 公司。

pMD18-T 载体购自 TaKaRa 公司，LITMUS-28i 载体购自 New England Biolabs 公司，载体示意如图 3－1 所示。

（2）受体菌株。

大肠杆菌（*Escherichia coli*，*E. coli*）TG1 同第 2 章。

大肠杆菌（*Escherichia coli*）DH5α 为本室保存，基因型为：

DH5α：*supE*44Δ*lAc*U169 （Φ80*lAc*ZΔM15） *hsdR*17*recA*1*endA*1*gyrA*96*thi*-1*relA*1。

3. 试剂

ActD、DTT 和 SDS 为 Sigma 产品，Cellfectin 购自 Invitrogen Life Science 公司。

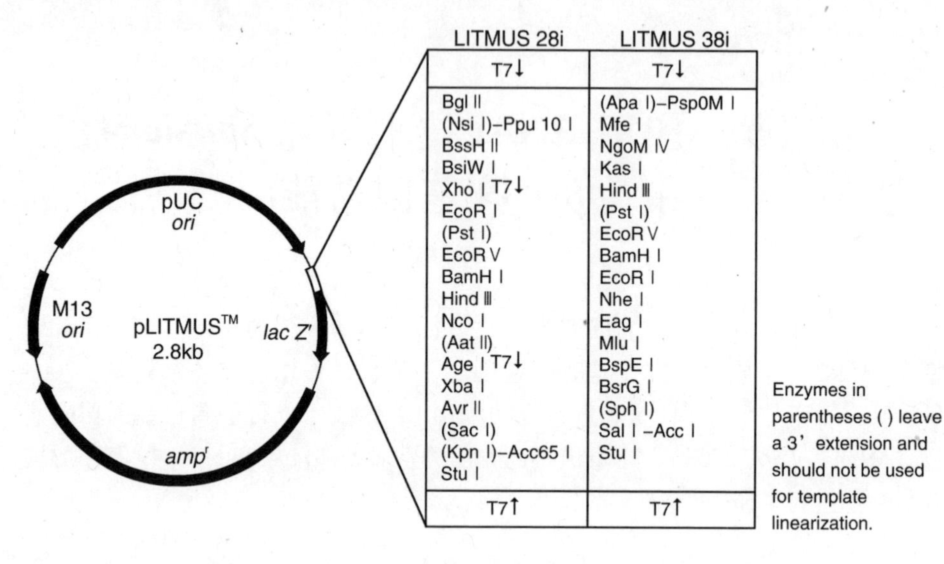

图 3－1　LITMUS 28i 质粒的物理图谱及多克隆位点序列

Fig. 3－1　Physical map and multiple cloning sites sequence of plasmid LITMUS 28i

4. 培养基

Grace's 培养基：在 Grace's（GIBCO 产品）培养基中补加 10% 胎牛血清（GIBCO 产品）、终浓度为 2 万单位/毫升的青霉素及终浓度为 1 万单位/毫升的链霉素和卡那霉素。

LB 液体培养基：称取蛋白胨（tryptone）10 g、酵母粉（yeast extract）5 g、NaCl 10 g，加 800 mL 双蒸水，用 10 mol/L NaOH 调节 pH 至 7.2～7.5，定容至 1 000 mL，分装，高压灭菌，4 ℃保存。

LB 固体培养基：在 LB 液体培养基中加入琼脂粉至终浓度为 1.5%，高压灭菌，4 ℃保存。

5. 限制性内切酶及其他酶类

限制性内切酶、T4 DNA 连接酶、ExTaq 酶购自 TaKaRa 公司，Taq 酶购自上海博彩生物科技公司。RNase A 购自 Qiagen 公司；蛋白酶 K（proteinase K）购自 Boehringer Mannheim 公司，配成 10 mg/mL 贮藏溶液，－20 ℃保存。

6. 试剂盒

体外转录试剂盒（AmpliScribe™ T 7 and T3-Flash™ Transcription Kits）购自 EPICENTRE，RNA 纯化试剂盒（RNeasy MinElute Cleanup Kit）购自 Qiagen 公司，RNA 转染试剂盒（TransMessenger Transfection Reagent）购自 Qiagen 公司。细胞总 DNA 提取试剂盒（Suicide Track™ DNA Ladder Isolation Kit）购自 Merck

公司。其余试剂盒同第 2 章。

7. 缓冲液

同第 2 章。

8. 裂解缓冲液

同第 2 章。

9. 其他溶液

1 mol/L $CaCl_2$：在 200 mL ddH_2O 中溶解 22 g $CaCl_2$，用 0.22 μm 滤器过滤除菌，4 ℃保存备用。

3 mol/L NaAc：在 800 mL ddH_2O 中溶解 408.1 g NaAc·3H_2O，用冰乙酸调节 pH 至 5.2 或用稀乙酸调节 pH 至 7.0，加水定容至 1 L，分装后高压灭菌。

氨苄青霉素贮存液（pencillin，Amp）：无菌双蒸水配成 100 mg/mL，经过 0.22 μm 滤膜过滤除菌后分装，－20 ℃保存。使用时每毫升培养基加入 1 μL，终浓度为 100 μg/mL。

X-gal 贮存溶液：用二甲基甲酰胺溶解 X-gal（5－溴－4－氯－3－吲哚－β-D－半乳糖苷，5-bromo-4-chloro-3-indoly-β-D-galactopyranoside）（Sigma 公司产品），配成 20 mg/mL 溶液，分装，－20 ℃保存备用。

IPTG 贮存溶液：将 8 g IPTG（isoprophylthio-D-galactoside，异丙基硫代D－半乳糖苷）溶于 10 mL 双蒸水中，过滤除菌，分装，－20 ℃贮存备用。

DNA 凝胶加样缓冲液：0.25% 溴酚蓝，0.25% 二甲苯青 FF，40%（w/v）蔗糖。

磷酸盐缓冲液（PBS）：1 mmol/L $Na_2HPO_4 \cdot 7H_2O$、10.5 mmol/L KH_2PO_4、140 mmol/L NaCl，40 mmol/L KCl，pH＝6.2。

10% 甘油。

10. PCR 引物

本章所用引物序列见表 3－1，引物由上海英骏生物工程公司合成。

表 3－1　PCR 扩增所用引物

Table 3－1　PCR primers used for application

引物	序列	限制酶
cat1	AGGCCTGTATCTTATCATGTCTGCTCG	*Bgl* Ⅱ
cat2	AGATCTATCCACTTTGCCTTTCTCTCC	*Stu* Ⅰ

下划线为酶切位点。

3.1.2 方法

1. PCR

PCR 反应体系及反应条件参照 Perkin-Elmer Cetus 公司的说明书进行。PCR 反应体系的构成如下：

Reaction buffer（10X）5.0 μL
dNTP（10 mM）1.0 μL
Primer P1 5.0 μL（50 pmol）
Primer P2 5.0 μL（50 pmol）
Template DNA 1.0 μL（～10 ng）
Taq polymerase 1 μL（2.5 U）
ddH_2O 37 μL
Total Volume 50 μL

依次加入上述成分，混匀，短时离心，加入 50 μL 石蜡油以防止蒸发。在 Perkin-Elmer Cetus 公司的 PCR 循环仪上进行扩增。

目的基因引物对循环条件，94 ℃、4 min；94 ℃、1 min，55 ℃、1 min，72 ℃、1 min，30 个循环；72 ℃、10 min。

2. $CaCl_2$ 感受态细胞的制备

主要参照 *Molecular Cloning*（Sambrook *et al.*，1989）所述方法进行。挑取 DH5α/TG1 单菌落于无 Amp 的 LB 液体培养基中，37 ℃，200 r/min 振摇过夜。次日按体积比 1∶100 接种，37 ℃，200 r/min 振摇培养约 2.5 h，至 OD_{600nm} 值 0.6 左右。将培养物置冰浴 10 min，然后于 4 ℃、5 000 r/min 离心 10 min，除尽上清，加原体积 1/2 的预冷的 100 mmol/L $CaCl_2$ 重悬沉淀，冰浴 10 min。之后，4 ℃、5 000 r/min 离心 10 min，弃上清，再以原体积 1/10 的预冷的 100 mmol/L $CaCl_2$ 悬浮沉淀。每管分装 200 μL，置 4 ℃冰箱 3 h 后可用，48 h 内使用转化效率不变。

3. 转化

取两管新鲜制备或冻存的感受态细胞，一管加入 1 μL 待转化的质粒 DNA 或 3～5 μL 连接产物，冰浴 30～60 min，42 ℃热激 90 s，立即放回冰浴。2～5 min 后直接涂布于含氨苄青霉素的 LB 固体培养基之平板上。另一管作阴性对照，除不加 DNA 外，其他处理相同。倒置平皿，37 ℃温箱培养 10～16 h，可观察到菌落，阴性对照应无菌落出现。

4. 质粒 DNA 的纯化

质粒纯化步骤主要参照 Omega 公司提供的 Kit 所述方法：离心收集菌体，

加入 250 μL Solution Ⅰ，混匀；再加入 250 μL Solution Ⅱ，轻轻混匀，在室温下放置 2 min；再加入 350 μL Solution Ⅲ，混合 3 ～6 次，12 000 r/min 离心 10 min；将过滤管放入收集管中，将离心后的上清液加入过滤管内，12 000 r/min 离心 30 ～60 s；弃去管中液体，加入 500 μL Solution HB，12 000 r/min离心 30 ～60 s；弃去管中液体，加入 750 μL Wash Buffer，12 000 r/min 离心 30 ～60 s；弃去管中液体，再离心 1 次，去除过滤管残留液体；去除收集管，换成 1.5 mL Eppendorf 管；在过滤管中加入 50 ～100 μL TE，12 000 r/min 离心 1 min；弃过滤管，Eppendorf 管中的 DNA 备用。

5. 质粒 DNA 的酶切

将质粒 DNA 用所选定的酶及其配套的缓冲液置相应的水浴中反应 2 h，取少量样品进行琼脂糖凝胶电泳以检查是否酶切完全。

6. DNA 片断的分离纯化

参照 Omega 公司提供的技术手册中所介绍的方法，具体操作如下：将酶切完全的样品在用 TAE 电泳缓冲液制成的适当浓度的琼脂糖凝胶中电泳，待所需的目的带与其他 DNA 带分离开后，停止电泳，切出含有片断的凝胶，尽量去除多余的凝胶，将其放入 Eppendorf 管中，短时离心以估计凝胶体积，加入 3 倍体积的溶胶 buffer，50 ℃溶解 5 min 至凝胶完全溶解，室温放置 5 min，离心过柱，12 000 r/min 离心 1 min，弃上清，加入洗液，重复洗 2 次，第 3 次溶于 TE 后，10 000 r/min 离心 1 min，取 1 μL 电泳以检查 DNA 含量。

7. 连接

将载体 DNA 与目的 DNA 按摩尔数 1∶(2 ～3) 的比例混匀，加入适量的反应缓冲液和 T4 连接酶，于 16 ℃连接过夜，次日转化。

8. 重组质粒的筛选与鉴定

用牙签挑取连接产物转化的白色单菌落（中等大小者）转板（预先编号），并接种于 2 000 μL LB 液体培养基（Amp +）中，该培养基装于预先已编号的试管中。37 ℃摇动培养 4 ～8 h；用小量提取质粒试剂盒提取菌体内质粒 DNA 进行酶切鉴定，能切出与预期片断大小相同者即为重组质粒。

9. 体外转录 dsRNA

体外转录主要参照 Qiagen 公司提供的技术手册中所介绍的方法，具体操作如下：首先将构建好的质粒进行两个单酶切反应，随后将两反应产物混合置于 65 ℃水浴退火 15 min，等其冷却至室温使用体外转录试剂盒进行体外转录。按以下加样体系配置体外转录反应液：

x mL RNase-Free water

1 mg linearized template DNA with appropriate promoter ………… 50 ng/mL

2 mL 10 × AmpliScribeT7 Reaction Buffer ································· 1 ×
1. 5 mL 100 m mol/L ATP ································· 7. 5 mmol/L
1. 5 mL 100 m mol/L CTP ································· 7. 5 mmol/L
1. 5 mL 100 m mol/L GTP ································· 7. 5 mmol/L
1. 5 mL 100 m mol/L UTP ································· 7. 5 mmol/L
2 mL 100 m mol/L DTT ································· 10 mmol/L
2 mL AmpliScribeT7 Enzyme Solution
20 mL Total reaction volume

将反应液 42 ℃水浴 2 h 进行转录，转录后向反应液中加入 1 μL DNase Ⅰ于 37 ℃消化 15 min 即得所需 dsRNA。制好的 dsRNA 可立即冻存在 -70 ℃备用，或进行 dsRNA 纯化操作。

10. dsRNA 纯化

主要参照 Qiagen 公司提供的技术手册中所介绍的方法，具体操作如下：将体外转录所得 RNA 用无 RNase 的水定量至 100 μL，然后加入 350 μL 的 RLT 溶液，RLT 溶液使用前按照 10 μL/mL 的比例加入 β 巯基乙醇；再加入 250 μL 的无水乙醇，随后将其 700 μL 的混合液加于 RNA 纯化柱上，12 000 r/min，离心 15 s，弃液；加 500 μL 的 RPE 溶液于柱上，12 000 r/min，离心 15 s，弃液；加入 80% 的乙醇 500 μL 于柱上，12 000 r/min，离心 2 min，弃液；空柱于12 000 r/min，离心 5 min，弃液；最后用至少 12 μL 无 RNase 的水溶解柱上 RNA 12 000 r/min，离心 1 min，EP 管中 RNA 应立即冷冻于 -70 ℃备用。dsRNA 的量用分光光度计测量。

11. 在离体培养细胞中增殖病毒

同第 2 章。

12. 病毒的虫体增殖

同第 2 章。

13. 病毒 DNA 提取及纯化

同第 2 章。

14. 病虫血淋巴制备

同第 2 章。

15. 活细胞计数

同第 2 章。

16. 用 SpltNPV 病毒感染细胞与病毒滴度测定

同第 2 章。

17. 细胞的 RNA 转染

按照 Qiagen 公司的 RNA 转染试剂（TransMessenger Transfection Reagent）操作手册进行。

18. 总 RNA 的提取及 Dnase 消化

按 Qiagene Rneasey Mini Kit 及 RNase-Free DNase Set 操作手册进行。

19. RT-PCR

同第 2 章。

引物序列见表 3－1。引物对 *cat*1、*cat*2 获得对照基因 *cat*，以 RNA 为模板进行 PCR 扩增，以检测模板是否存在 DNA 污染。

20. SDS-聚丙烯酰胺凝胶电泳（SDS-PAGE）

同第 2 章。

21. western blotting

同第 2 章。

22. 细胞总 DNA 的提取

按照 Merck 公司的细胞总 DNA 提取试剂盒（Suicide Track™ DNA Ladder Isolation Kit）操作手册进行。

23. 细胞活性计数

用 0.04% 台盼蓝对单层细胞进行染色，在倒置显微镜下计算未染上蓝色的活细胞数量。每种处理计算 3 个视野求其平均值，每个视野包括 200～500 个细胞。不同时间点各处理下活细胞数除以此时感染处理的活细胞数的比值即为此处理在不同时间点的细胞存活率。

3.2 结果

3.2.1 *Splt-iap*4 和 *Splt-p*49 基因的 PCR 扩增结果

以野生型 SpltNPV 基因组 DNA 为模板，以选定的 *Splt-iap*4 和 *Splt-p*49 两基因两侧的相应引物 Splt-iap41、Splt-iap42、Splt-p491 和 Splt-p492（见表 3－1）进行 PCR 扩增。扩增出的目的片段均与预期大小相符。（见图 3－2）

3.2.2 对照 *cat* 基因的 PCR 扩增结果

以质粒 pCAT® 3-Basic 为模板，根据 *cat* 基因两侧序列设计一对引物 *cat*1 和 *cat*2（见表 3－1）进行 PCR 扩增。扩增出的目的片段均与预期大小相符。

（见图 3-3）

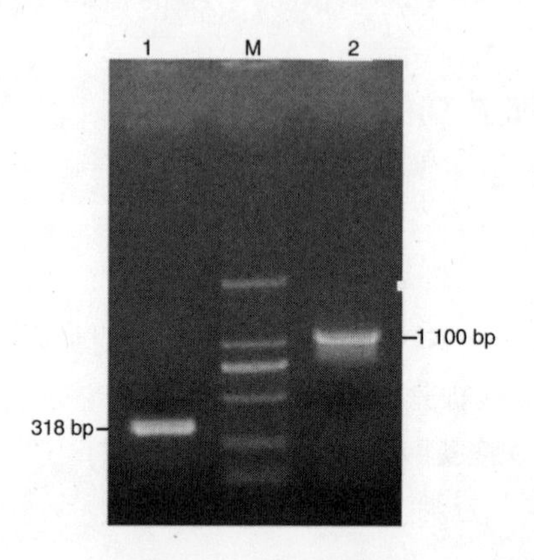

图 3-2 *Splt-iap*4 和 *Splt-p*49 基因的 PCR 扩增产物

Fig. 3-2 PCR amplification of *Splt-iap*4 gene and *Splt-p*49 gene

M，DNA molecular weight marker（DL2000）；1，*Splt-iap*4；2，*Splt-p*49

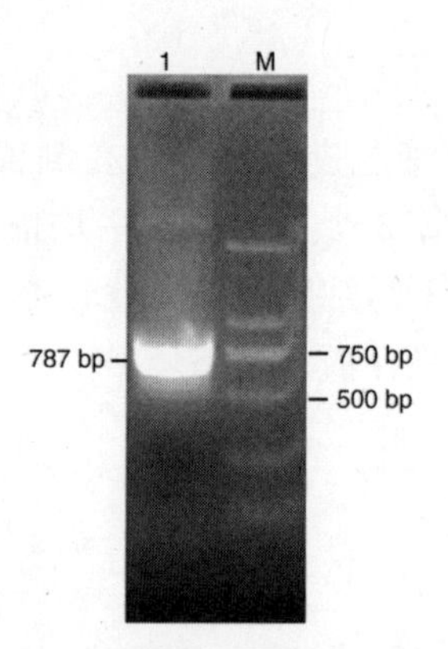

图 3-3 *cat* 基因的 PCR 扩增产物

Fig. 3-3 PCR amplification of *cat* gene

M，DNA molecular weight marker（DL2000）；1，*cat*

3.2.3 重组质粒 p28i-p49 和 p28i-iap 的酶切鉴定

将 *Splt-iap*4 和 *Splt-p*49 片段分别首先连接至 pMD-18T 载体上，双酶切回收片断后，然后再分别连接到 pLITMUS-28i 载体上，构建成重组质粒 p28i-p49 和

p28i-iap。采用 *Bgl* Ⅱ 和 *Stu* Ⅰ两种酶进行双酶切，鉴定电泳结果如图 3 -4 和 3 -5 所示。酶切条带大小均与预期大小相符，表明构建的重组质粒正确。

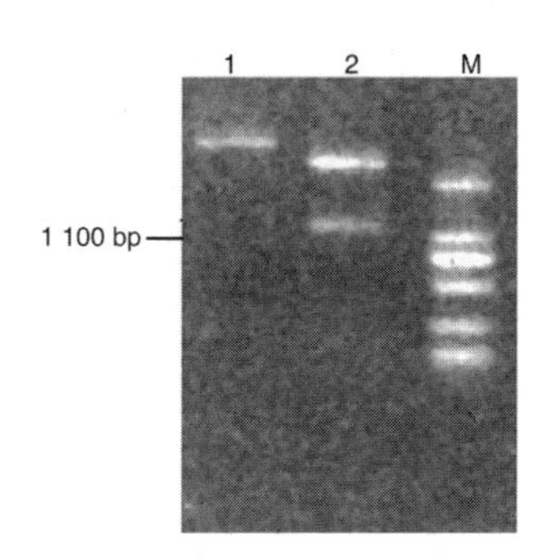

图 3 -4　重组质粒 p28i-p49 酶切鉴定电泳

Fig. 3 -4　Restriction analysis of the recombinant plasmid p28i-p49

M, DNA molecular weight marker（DL2000）; 1, p28i-p49/*Bgl* Ⅱ; 2, p28i-p49/*Bgl* Ⅱ + *Stu* Ⅰ

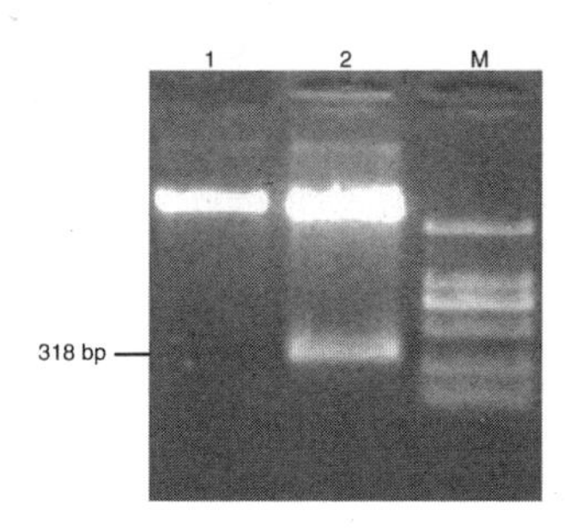

图 3 -5　重组质粒 p28i-iap 酶切鉴定电泳

Fig. 3 -5　Restriction analysis of the recombinant plasmid p28i-iap

M, DNA molecular weight marker（DL2000）; 1, p28i-iap/*Bgl* Ⅱ; 2, p28i-iap/*Bgl* Ⅱ + *Stu* Ⅰ

3.2.4　重组质粒 p28i-cat 的酶切鉴定

将 *cat* 基因首先连接至 pMD-18T 载体上，双酶切回收片断后，然后再连接到 pLITMUS-28i 载体上，构建成重组质粒 p28i-cat。采用 *Bgl* Ⅱ 和 *Stu* Ⅰ两种酶进行双酶切，鉴定电泳结果如图 3 -6 所示。酶切条带大小均与预期大小相符，表明构建的重组质粒正确。

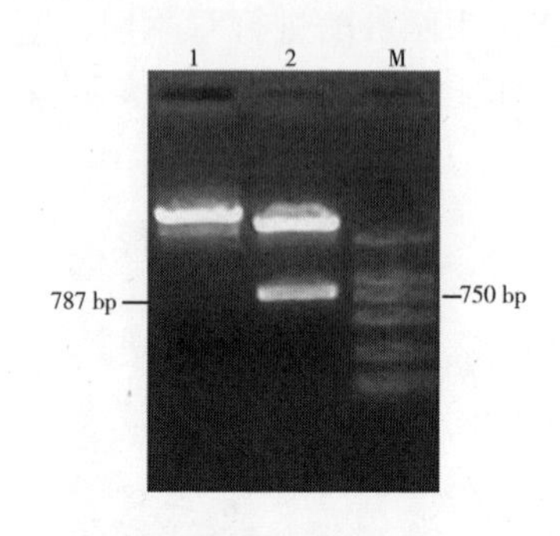

图 3-6　重组质粒 p28i-cat 酶切鉴定电泳

Fig. 3-6　Restriction analysis of the recombinant plasmid p28i-cat

M，DNA molecular weight marker（DL2000）；1，p28i-cat/*Bgl* Ⅱ；2，p28i-cat/*Bgl* Ⅱ + *Stu* Ⅰ

3.2.5　Splt-P49 和 Splt-IAP4 凋亡功能检测

将质粒 p28i-cat、p28i-iap 和 p28i-p49 分别用 *Bgl* Ⅱ和 *Stu* Ⅰ两种酶进行两个单酶切，鉴定酶切完全后将两个单酶切反应产物混合放至 65 ℃ 30 min 退火。退火完成后，采用体外转录试剂盒对其进行体外转录，结果得到 3 个基因的 dsRNA；再经过 RNA 纯化试剂盒对所得 dsRNA 进行纯化，最后通过分光光度计测定 RNA 的浓度。

用 SpltNPV 血淋巴以 MOI = 1 感染 SpLi-221 细胞，1 h 后将病毒上清液弃去并用无血清的 Grace's 培养基洗细胞两次，再按照 RNA 转染过程将目的基因 dsRNA 分别转染至细胞内，4 h 后用正常有血清的培养基替代无血清培养基，至 27 ℃培养进行后续观察。

大约在转染 dsRNA 后 14 h，观察到 *Splt-p*49 dsRNA 处理和 *Splt-iap*4/*Splt-p*49 dsRNA 处理中有少数几个细胞出现了细胞膜出泡现象（凋亡的标志）。出现凋亡的细胞数量一直增加，到转染后 48 h，几乎所有的细胞都出现了凋亡，这些细胞小体可以持续几天。图 3-7 显示的是转染后 72 h 所拍照片。相反，*Splt-iap*4 dsRNA 和 *cat* dsRNA 两种处理的细胞未显示凋亡，且在感染后期能观察到多角体，与 SpltNPV 感染 SpLi-221 细胞症状一致，这表明 *Splt-iap*4 dsRNA 和 *cat* dsRNA 两种处理不能诱导细胞凋亡和抑制病毒复制。作为对照，细胞不用病毒感染只是分别转染了 3 个基因 dsRNA，其观察到的现象与正常细胞无异，说明 RNA 的转染对细胞无明显影响。

晚期凋亡的一个典型特征为细胞总 DNA 的片段化即 DNA 电泳结果显示为梯状条带（DNA ladder）。为证实上述观察现象确实为凋亡，我们提取未处理

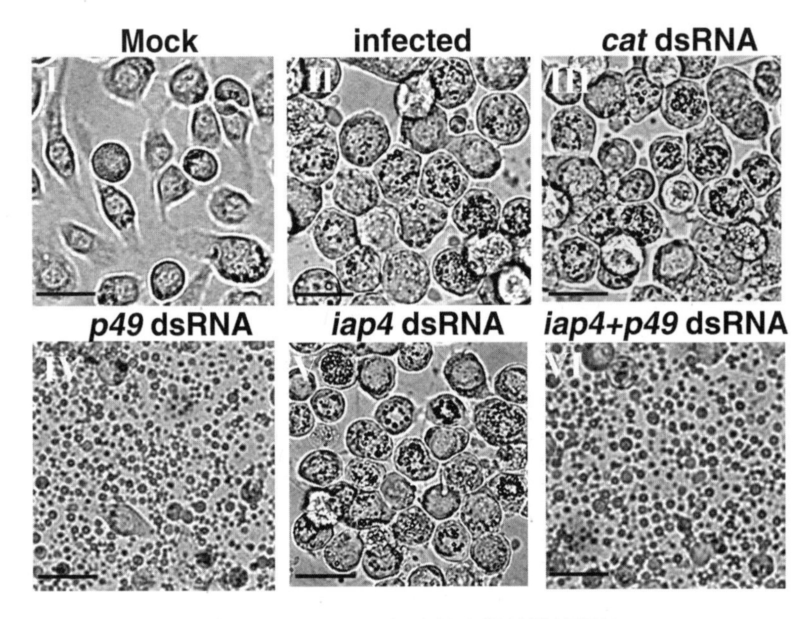

图 3－7　SpLi-221 细胞的光学显微镜照片

Fig. 3－7　Microphotographs of S pLi-221 cells

Photographs were taken at 72 h after dsRNA addition

细胞和各种处理下细胞的总 DNA 进行电泳，结果如图 3－8 所示：用 *Splt-p*49 dsRNA 和 *Splt-iap*4/*Splt-p*49 dsRNA 两种处理细胞总 DNA 出现了典型的 DNA ladder 条带，与阳性对照放线菌素 D（Act D）处理的Sf9细胞出现的 DNA ladder条带相似；其他处理细胞没有出现 DNA ladder 现象。以上实验结果表明，*Splt-p*49 的沉默能引起 SpltNPV 感染的 SpLi-221 细胞凋亡，而沉默 *Splt-iap*4 不能引起细胞出现凋亡，暗示着在 SpltNPV 感染 SpLi-221 细胞时 *Splt-p*49 基因而不是 *Splt-iap*4 基因具有抑制凋亡的作用。

3.2.6　Splt-IAP4 蛋白没有协同抗凋亡作用

上述结果显示在 SpltNPV 感染 SpLi-221 细胞时，*Splt-iap*4 dsRNA 处理不能引起细胞凋亡，这暗示着 Splt-IAP4 蛋白可能没有任何抗凋亡活性。然而先前有研究表明 SlNPV 中的 *Spli-iap* 基因能延迟，但不能抑制由缺失 *p*35 的AcMNPV突变株所诱导的Sf9细胞的凋亡。SlNPV 与 SpltNPV 亲缘关系很近，也含有 *p*49 和 *iap* 两个抗凋亡类似基因（Liu *et al.*，2003）。为了探测 Splt-IAP4 对抑制 SpltNPV 感染引起的 SpLi-221 细胞凋亡是否有辅助作用，我们比较了 *Splt-p*49 dsRNA 处理和 *Splt-iap*4/*Splt-p*49 dsRNA 处理之间的相对细胞存活率。结果如图

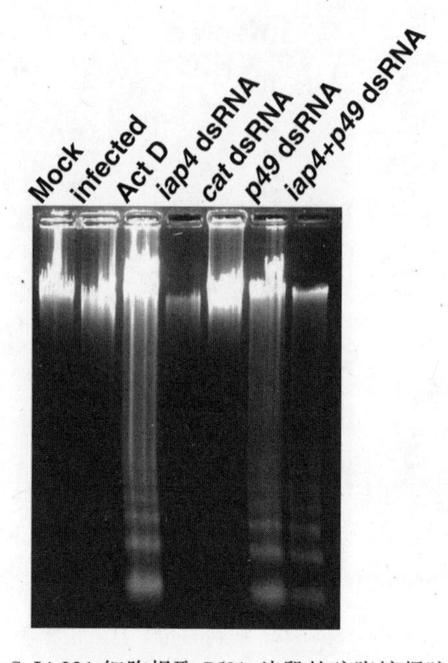

图 3－8　SpLi-221 细胞提取 DNA 片段的琼脂糖凝胶电泳分析

Fig. 3－8　Agarose gel electrophoresis of oligonucleosomal laddering isolated from SpLi-221 cells

Total DNA was extracted from mock-infected cells（lane 1），SpltNPV-infected cells（lane 2），SpltNPV-infected cells treated *Splt-iap*4 dsRNA（lane 4），cat dsRNA（lane 5），*Splt-p*49 dsRNA（lane 6），*Splt-iap*4/*Splt-p*49 dsRNA（lane 7）at 48 h posttransfection，and separated by electrophoresis through a 1.5% agarose gel. Sf9 cells treated with actinomycin D was used as a positive control for DNA fragmentation characterized by apoptosis（lane 3）

3－9 所示：从感染后 0 h 至 72 h，*Splt-p*49 dsRNA 处理和 *Splt-iap*4/*Splt-p*49 dsRNA 处理的活细胞百分率明显下降，而且在各个时间点上两种处理的细胞存活率下降比例相似。这些结果表明，Splt-IAP4 蛋白不能抑制由 SpltNPV 感染引起的 SpLi-221 细胞凋亡，也不能辅助 Splt-P49 阻止凋亡。

3.2.7　Splt-IAP4 对细胞有聚集作用

尽管 Splt-IAP4 不能抑制凋亡，但在实验当中我们观察到一个有趣的现象：*Splt-iap*4 RNAi 处理细胞和 SpltNPV 感染 SpLi-221 细胞在形态上不同。SpltNPV 感染的 SpLi-221 细胞易于聚集，一簇一簇的成团形；而 *Splt-iap*4 dsRNA 处理细胞直到 ODV 出现一直都是单个存在，很少有成簇现象，如图 3－10 所示。

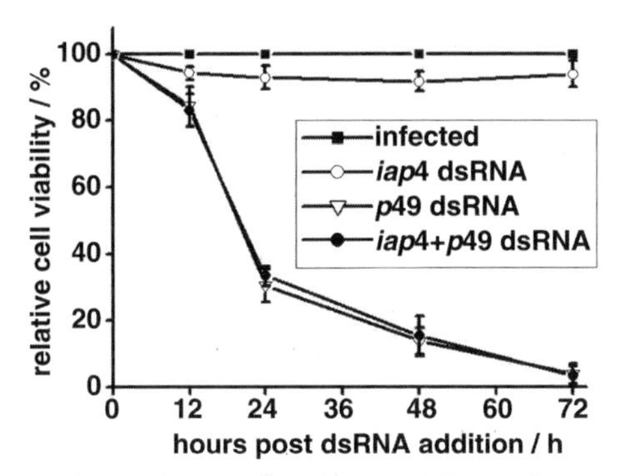

图 3－9　*Splt-p*49 dsRNA 或 *Splt-iap*4/*Splt-p*49 dsRNA 处理后被 SpltNPV 感染的 SpLi-221 细胞存活率

Fig. 3－9　SpltNPV-infected SpLi-221 cell viability in *Splt-p*49 dsRNA or *Splt-iap*4/*Splt-p*49 dsRNA treatment

X-coordinate indicated the time points of dsRNA addition after SpltNPV infection of SpLi-221 cells. Standard deviations were derived from three replicates

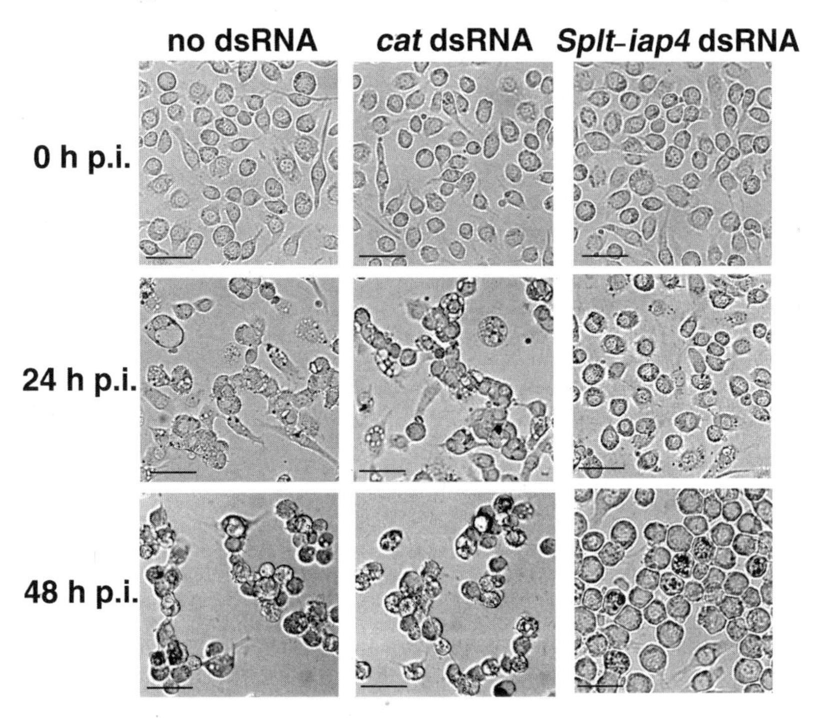

图 3－10　*Splt-iap*4 dsRNA 处理后 SpltNPV 感染的 SpLi-221 细胞形态学变化

Fig. 3－10　Morphology of SpltNPV-infected SpLi-221 cells treated with or without *Splt-iap*4 dsRNA at 0 h, 24 h and 48 h p. i.

为了排除 RNAi 非特异性效果，*cat* dsRNA 处理作为对照，结果显示 *cat* dsRNA 处理细胞像 SpltNPV 感染 SpLi-221 细胞一样聚集在一起。这些结果暗示在杆状病毒的整个感染循环中 Splt-IAP4 起了一个出乎意料的作用。

3.2.8 *Splt-iap*4 dsRNA 处理对产生感染性病毒粒子的影响

为了检测上述的形态变化是否影响了病毒的复制，我们测定了 SpltNPV 感染 SpLi-221 细胞处理，*Splt-iap*4 dsRNA 处理和 *cat* dsRNA 处理的病毒 BV 产生情况。用 SpltNPV 感染 SpLi-221 细胞 1 h 后，然后分别转染 *Splt-iap*4 dsRNA 或 *cat* dsRNA 至细胞，不同时间点收取细胞上清使用 SpLi-221 细胞测定滴度。结果如图 3 - 11 显示：在三种处理中子代病毒的生长动力学没有什么明显区别，说明 *Splt-iap*4 dsRNA 处理虽然引起了细胞形态学的改变，但对有感染性病毒产生没有什么影响。

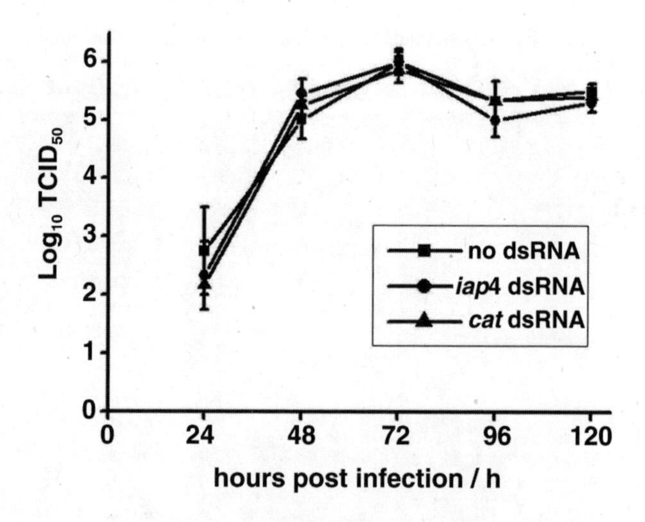

图 3 - 11 SpltNPV 的一步生长曲线

Fig. 3 - 11 Growth curve of SpltNPV

BVs collected from SpltNPV-infected SpLi-221 cells treated with no dsRNA, *Splt-iap*4 dsRNA, or *cat* dsRNA at the indicated time points p. i. , and titered by $TCID_{50}$ end-point dilution assay using SpLi-221 cells. The results shown represent the average of three independent experiments. Error bars represent the standard errors

3.2.9　RNAi对SpltNPV感染SpLi-221细胞的影响

尽管有几个研究小组已经成功地在昆虫细胞中利用RNAi技术沉默了杆状病毒基因（Quadt *et al.*, 2007；Means *et al.*, 2003；Ikeda *et al.*, 2004b），但开始研究时我们还是不能确定在SpltNPV感染的SpLi-221细胞中，转入特异基因的dsRNA能否特异性地沉默SpltNPV病毒中基因的转录。为了检测RNAi沉默效果，我们首先使用RT-PCR分析估计靶基因的转录量。如图3－12、图3－13所示：在SpltNPV感染SpLi-221细胞5 h时*Splt-p*49基因有微弱的转录，*Splt-iap*4基因在3 h至5 h时都有微弱转录；从感染后7 h至24 h两基因都有高的稳定转录水平。然而，从*Splt-iap*4 dsRNA或*Splt-p*49 dsRNA处理后7 h至24 h，*Splt-iap*4和*Splt-p*49两基因的转录水平大大下调。*cat* dsRNA处理中*Splt-iap*4或*Splt-p*49的转录模式与SpltNPV感染SpLi-221细胞相似，这结果表明

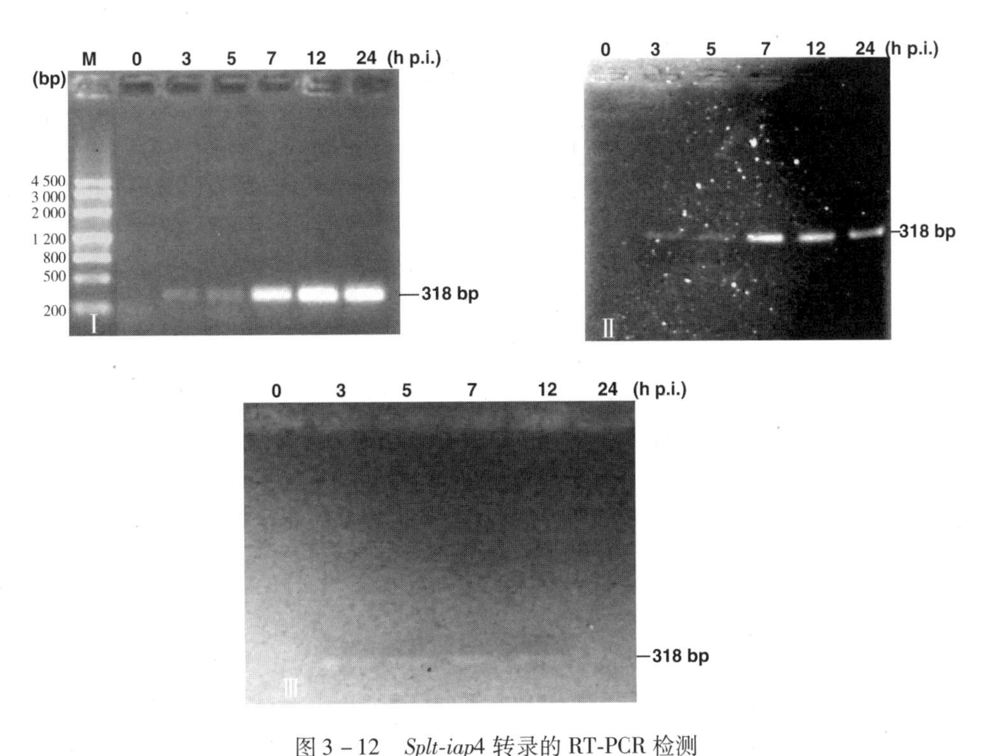

图3－12　*Splt-iap*4转录的RT-PCR检测

Fig. 3－12　RT-PCR analysis of *Splt-iap*4 transcripts

（Ⅰ）SpltNPV-infected SpLi-221 cells,（Ⅱ）*cat* RNAi,（Ⅲ）*Splt-iap*4 RNAi.

Time points of postinfection were indicated above the lanes

RNAi 是特异的。以上结果说明，当转染相应的 dsRNA 进入感染细胞后 *Splt-iap*4 或 *Splt-p*49 基因的转录能被有效和特异地抑制。

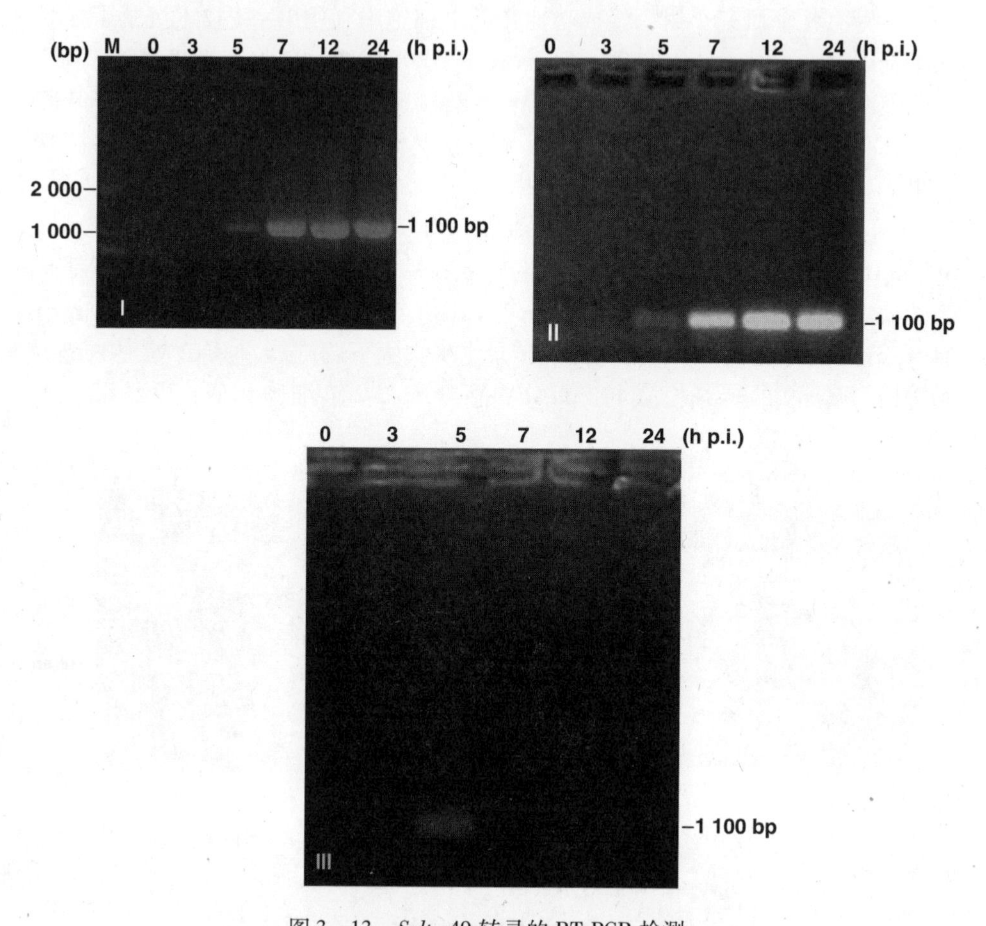

图 3－13　*Splt-p*49 转录的 RT-PCR 检测

Fig. 3－13　RT-PCR analysis of *Splt-p*49 transcripts

（Ⅰ）SpltNPV-infected of SpLi-221 cells，（Ⅱ）*cat* RNAi，（Ⅲ）*Splt-p*49 RNAi. Time points of postinfection were indicated above the lanes

为了进一步探测 *Splt-iap*4 dsRNA 或 *Splt-p*49 dsRNA 处理后 Splt-IAP4 或 Splt-P49 蛋白的翻译水平是否有改变，制备了两种蛋白的特异性抗体并使用抗体进行 western blotting 分析来探测两种蛋白的表达模式（见图 3－14）。免疫杂交分析显示：SpltNPV 感染 SpLi-221 后，从 12 h 至 72 h 两种蛋白都有表达。*Splt-iap*4 dsRNA 或者 *Splt-p*49 dsRNA 处理后 24 h 至 48 h 检测不到两种蛋白的表达。这些结果显示，感染细胞中转入相应的 dsRNA 后，Splt-IAP4 或 Splt-P49 蛋白表达都被有效地抑制了。

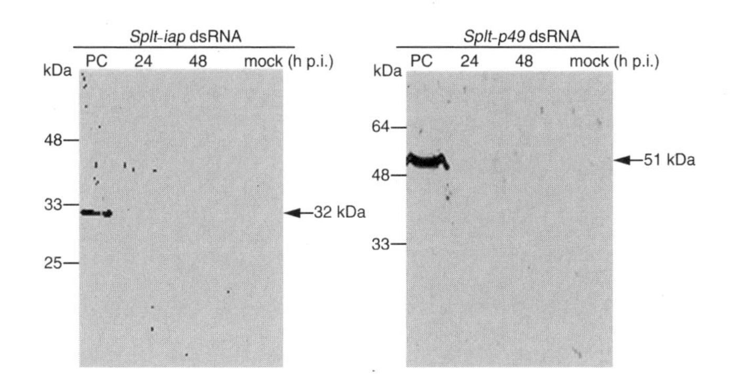

图 3 - 14　western blotting 检测 RNAi 处理后 *Splt-iap*4 或 *Splt-p*49 表达

Fig. 3 - 14　Expression of *Splt-iap*4 or *Splt-p*49 was determined by immunoblottingting in SpltNPV-infected SpLi-221 cells upon the corresponding RNAi treatments. PC, positive control lysate from SpltNPV-infected SpLi-221 cells. Molecular mass are indicated to the right of panel. Time points of postinfection were indicated above the lanes

3.3　讨论

病毒感染所诱导的昆虫细胞凋亡是昆虫宿主防御机制之一（Clem *et al.*, 1991；Zhang *et al.*, 2002；Clarke & Clem, 2003；Feng *et al.*, 2007）。另外，在病毒的基因组中有编码抗凋亡蛋白的基因，这些蛋白在抑制细胞凋亡反应中起了主要作用（Clem, 2007）。一个有趣的现象是几乎所有被测序的鳞翅目杆状病毒都具有两个或两个以上的抗凋亡基因 。先前有研究显示，在一种病毒和细胞系统中往往只有一个基因被检测到有抗凋亡活性（Clem & Miller, 1994；Ikeda *et al.*, 2004a）。尽管抗凋亡路径包括许多单独步骤，但一种病毒只选择一个功能性抗凋亡基因影响凋亡过程的一个位点是足够的，这种现象是合理的。在病毒的复制过程中一些没有抗凋亡活性的杆状病毒 *iap* 基因被报道能延迟细胞凋亡（Maguire *et al.*, 2000；Liu *et al.*, 2003）或能刺激具功能的那个 *iap* 基因起作用（Vilaplana & O'Reilly, 2003）。另外有研究显示，缺失 *Ac-iap*1 的 AcMNPV 比野生型 AcMNPV 更容易在 *Trichoplusia ni* 细胞系中进行复制，而这种现象并不存在于 *S. frugiperda* 细胞系中（McLachlin *et al.*, 2001）。杆状病毒基因组中存在的许多 *iap* 基因作用还不清楚，一种可能性就是这些非功能的基因很可能是不同细胞、组织和宿主抑制不同刺激所需要的。本章中通过 RNAi 技术研究了 *Splt-p*49 和 *Splt-iap*4 的抗凋亡作用。RT-PCR 分析显示在加入相应的 dsRNA 处理后，*Splt-p*49 和 *Splt-iap*4 的转录被大大地下调了。转染相应的 dsRNA 后，在感染后 7 h 以后检测不到 *Splt-p*49 基因的转录或感染后 12 h 以后检测不到 *Splt-iap*4 的转录本。最近有研究显示，病毒感染后转染 dsNRA，这可能就是为什么在早期时间点上能够探测到微量的 RNA 转录本。免疫杂交结果表明，两种蛋白在 *Splt-p*49 dsRNA 或 *Splt-iap*4 dsRNA 处理后的 24 h 至 48 h 都检测不到，这些结果表明两个基因得到了有效的沉默。

在 SpltNPV 感染 SpLi-221 细胞时 *Splt-p*49 的抑制会引起细胞广泛的凋亡（见图 3 – 7），表明 *Splt-p*49 作为一个抗凋亡基因起作用。同源性分析表明 Splt-P49 蛋白与第一个被鉴定的 P49 蛋白 Spli-P49 有 79% 的氨基酸相似性。*S. littoralis* NPV 基因组中的 Spli-p49 编码一个 49 kDa 的多肽，此多肽与 AcMNPV 中的同源物 P35 蛋白有 48.8% 的一致性（Du *et al.*, 1999）；除了 Spli-P49 蛋白中一个 120 残基外，Spli-P49 与 P35 中的其余氨基酸都是一致的（Zoog *et al.*, 2002b）。*p*35 基因最早发现于苜蓿丫纹夜蛾的核型多角体病毒（Autographa californica NPV）基因组中，具有抑制病毒诱导的细胞凋亡和恢复病毒复制能力的功能（Hershberger *et al.*, 1992b）；由于 Splt-P49 与 P35 蛋白有高度同源性，Splt-P49 在 SpltNPV 感染 SpLi-221 细胞时具抗凋亡功能就不难理解。尽管 Spli-P49 和 P35 有相似的结构和作用机制，但 Spli-P49 能阻止效应 caspases 蛋白水解活性，它的作用位点是独特的，作用于 P35 抑制位点的上游但在 Op-IAP 凋亡抑制的下游。

本章也研究了 SpltNPV 感染 SpLi-221 细胞时 Splt-IAP4 的作用。SpltNPV 感染 SpLi-22 细胞后转染 *Splt-iap*4 dsRNA，细胞并没有出现凋亡现象，与用野生型 SpltNPV 感染细胞时一致都能产生多角体（见图 3 – 7）。我们也检测了共抑制 *Splt-iap*4/*Splt-p*49 和单独抑制 *Splt-p*49 在不同时间点上的细胞存活率，没有什么明显的不同，这表明 Splt-IAP4 不能刺激 Splt-P49 的抗凋亡活性也不能起到延迟凋亡的作用（见图 3 – 9）。尽管在所有被测序的杆状病毒基因组中都发现了 IAP 同源物，在同时具有 *p*35 与 *iap* 或 *p*49 与 *iap* 的杆状病毒中，还未发现 IAP 有抑制凋亡的功能。

当杆状病毒感染时，许多昆虫细胞例如 AcMNPV 感染的 Ld652Y 细胞（Griffiths *et al.*, 1999）或 SpltNPV 感染的 SpLi-221 细胞（见图 3 – 10），与正常细胞相比显示有明显的细胞病变效果，包括细胞变圆和聚集。我们发现 SpltNPV 感染后用 *Splt-iap*4 dsRNA 处理的 SpLi-221 细胞在感染期间没有聚集和成群现象；相反，SpltNPV 感染后用对照 *cat* dsRNA 处理的 SpLi-221 细胞像 SpltNPV 感染的 SpLi-221 细胞一样聚集。病毒滴度测定显示无论感染细胞有无 *Splt-iap*4 dsRNA 处理，BV 的一步生长曲线都没有明显不同，结果表明细胞的聚集并没有影响 BV 的产生。*Splt-iap*4 dsRNA 处理能阻止 SpltNPV 感染的 SpLi-221 细胞聚集的原因和生物学意义还不清楚。

目前 *iap* 基因功能研究结果显示，除一部分具有抑制凋亡功能外还有许多 *iap* 基因无此功能，至今对于这些非抗凋亡功能的 *iap* 基因的功能研究并不多。这些被检测无抗凋亡功能的 *iap* 基因究竟起了什么作用，有两种可能性：一种可能是在现在未检测的宿主和组织中这些非功能性的 *iap* 可能有抑制凋亡作用；另一种可能是一些基因可能有与抑制凋亡无关的功能，如一些细胞内源性 *iap* 在其他一些过程中起作用，如原浆移动、细胞分裂或信号转导（Kornbluth & White, 2005；Vaux & Silke, 2005；Salvesen & Duckett, 2002）。还有研究表明，缺失 *iap*-1 的 AcMNPV 自然突变株被发现在 TN-368 细胞系中具有病毒复制优势，但在 SF21 细胞系中并没有发现，表明这个基因有未知的功能（McLachlin *et al.*, 2001）。

3.4　小结

（1）SpltNPV 在受纳 SpLi-221 细胞系中复制时需要 Splt-P49 抑制凋亡而在这个细胞系中 Splt-IAP4 不能阻止细胞凋亡。

（2）*Splt-iap*4 dsRNA 处理能阻止 SpltNPV 感染的 SpLi-221 细胞形态上的变化但并不影响病毒的复制。

第4章　*Splt-iap*4和*Splt-p*49瞬时表达及抗细胞凋亡活性研究

第3章已证明SpltNPV在受纳SpLi-221细胞系中复制时需要Splt-P49抑制细胞凋亡，而在这个细胞系中Splt-IAP4不能阻止凋亡。先前有报道*Spli-iap*（与*Splt-iap*4同源性较高）的表达能延迟由vAcAnh感染所诱导的Sf9细胞的凋亡（Liu *et al.*, 2003），为了探究*Splt-iap*4基因在vAcAnh感染Sf9细胞的系统中是否有作用，本章采用瞬时表达的方法检测了*Splt-iap*和*Splt-p*49的抗凋亡功能。

4.1　材料与方法

4.1.1　材料

1. 昆虫细胞与病毒

野生型苜蓿丫纹夜蛾核多角体病毒（AcMNPV）引自美国加州大学河滨分校B. A. Federici教授实验室。AcMNPV *p*35基因缺失突变株vAcAnh由中国科学院武汉病毒所陈新文博士惠赠。草地夜蛾（*Spodoptera frugiperda*）细胞Sf9引自英国自然环境研究委员会病毒研究所。粉纹夜蛾（*Trichoplusia ni*）幼虫由本实验室养虫室提供，为人工饲料饲养的健康幼虫，人工饲料配方见参考资料（庞义，1988）。

2. 质粒载体

phsp质粒由中国科学院武汉病毒所陈新文教授惠赠，piGA质粒由本实验室于湄博士构建并保存，MD18-T载体系统购自Takara公司。

3. 受体菌株

同第3章。

4. 限制性内切酶及其他酶类

同第3章。

5. 试剂盒

同第3章。

6. 培养基

同第 3 章。

7. 其他溶液

同第 3 章。

4.1.2　方法

1. 聚合酶链式反应（PCR）

同第 3 章。引物对 Splt-iap4U 和 Splt-iap4D 用于扩增 *Splt-iap*4 基因，引物对 Splt-p49U 和 Splt-p49D 用于扩增 *Splt-p*49 基因。（表 4 – 1）

表 4 – 1　PCR 扩增所用引物

Table 4 – 1　PCR primers used for amplication

引物	序列	限制酶
Splt-iap4U	5'-GGATCCATGAAAAATATACTAGAAAAGG-3'	*BamH* Ⅰ
Splt-iap4D	5'-AAGCTTTATTTTCACTTTGGATGCTGCCTT-3'	*Hind* Ⅲ
Splt-p49U	5'-GGATCCATGTGCGTACTGATACCCAC-3'	*BamH* Ⅰ
Splt-p49D	5'-CTGCAGAATTTAAATTCAAAGTTTC-3'	*Pst* Ⅰ

下划线为酶切位点。

2. $CaCl_2$ 感受态细胞的制备

同第 3 章。

3. 转化

同第 3 章。

4. 质粒 DNA 的纯化

同第 3 章。

5. 质粒 DNA 的酶切

同第 3 章。

6. DNA 片断的分离纯化

同第 3 章。

7. 连接

同第 3 章。

8. 重组质粒的筛选与鉴定

同第 3 章。

9. 在离体培养细胞中增殖病毒

同第2章。

10. 病毒的虫体增殖

同第2章。

11. 病毒 DNA 提取及纯化

同第2章。

12. 病虫血淋巴制备

同第2章。

13. 活细胞计数

同第3章。

14. 病毒感染细胞与病毒滴度测定

同第3章。

15. SDS-聚丙烯酰胺凝胶电泳（SDS-PAGE）

同第2章。

16. western blotting

同第2章。

17. 细胞活性计数

同第3章。

18. 瞬时表达

将每孔 5×10^5 个Sf9细胞接种于六孔板中，置于 27 ℃贴壁培养 1 h；用 1 mL不含 FBS 的 Grance's 培养基洗细胞 2 次，于是使用适量的 Cellfectin 脂质体转染试剂将 1 μg 瞬时表达质粒转染进细胞。4 h 后，将细胞中的脂质体与 DNA 的混合液吸去，加入正常包含 10% 的 Grace 培养基放置于 27 ℃培养。24 h后，将细胞置于 42 ℃水浴热激 30 min，然后于 27 ℃培养；4 h 后用 vAcAnh BV 以 MOI 为5 感染Sf9细胞，1 h 后吸去病毒液，加入正常 Grance's 培养基 27 ℃培养。

4.2 结果与分析

4.2.1 瞬时表达载体的构建

为研究 *Splt-iap*4 和 *Splt-p*49 基因功能，将两基因置于热激启动蛋白的启动子 hsp 控制之下构建瞬时表达载体 phsp-iap 和 phsp-p49，转染Sf9细胞，获得

*Splt-iap*4 和 *Splt-p*49 瞬时表达。为对比研究瞬时表达效率，构建瞬时表达 *gfp* 的表达载体 phsp-gfp 作为对照。瞬时表达载体 phsp-iap 和 phsp-p49 构建流程如图 4－1 所示。以 SpltNPV 基因组 DNA 为模板，引物对 Splt-p49U 与 Splt-p49D 扩增 *Splt-p*49 基因的开放读码框及加尾信号，同样以引物对 Splt-iap4U 与 Splt-iap4D 扩增 *Splt-iap*4 基因的开放读码框及加尾信号，回收两基因 PCR 产物，并

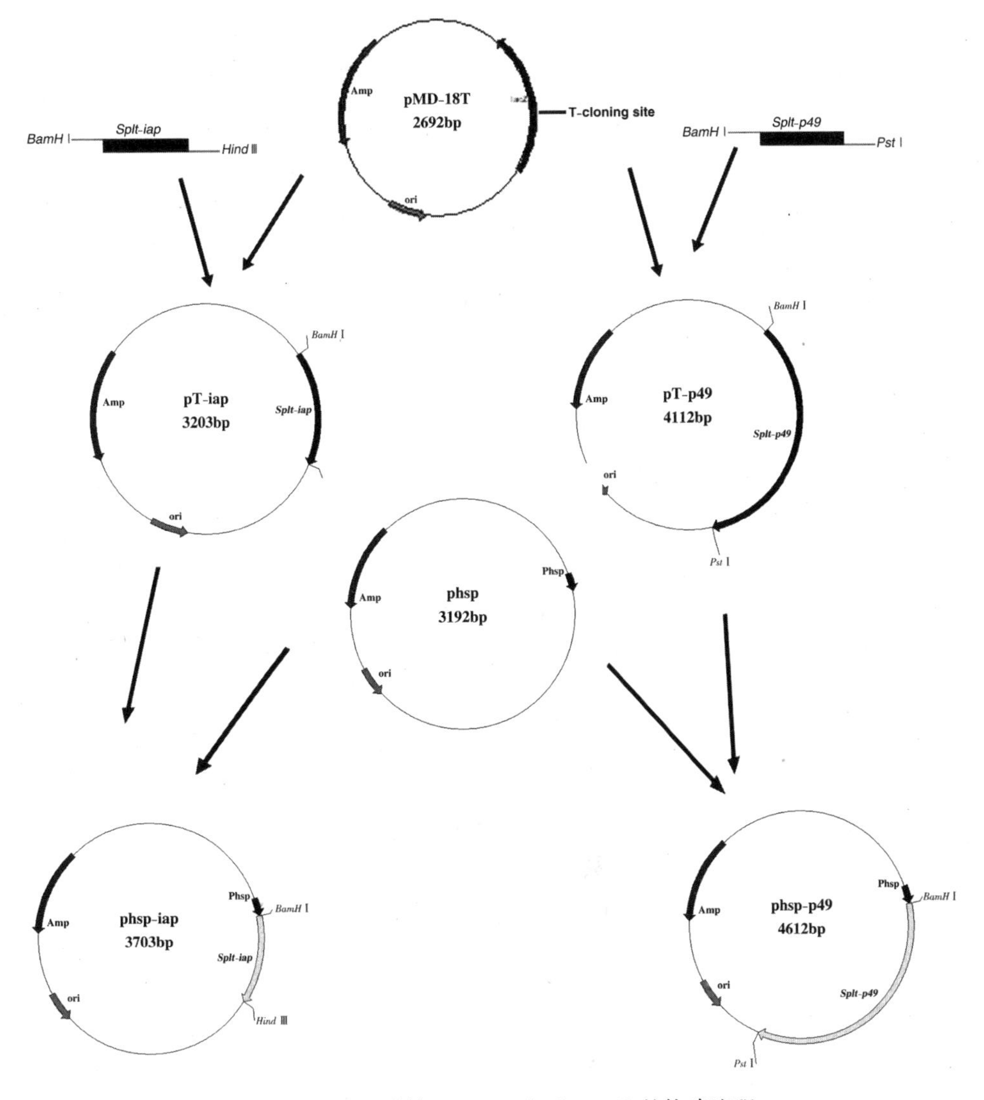

图 4－1　重组质粒 phsp-iap 和 phsp-p49 的构建流程

Fig. 4－1　Construction of the recombinant plasmids phsp-iap and phsp-p49

分别与 pMD18-T 载体连接，得到重组质粒 pT-iap 和 pT-p49（见图 4-2）。两质粒 pT-iap 或 pT-p49 被双酶切消化 *BamH* Ⅰ/*Hind* Ⅲ或 *BamH* Ⅰ/*Pst* Ⅰ，回收片段连接至载体 phsp 上产生瞬时表达质粒 phsp-iap 或 phsp-p49。

将质粒 piGA 进行 *BamH* Ⅰ/*Hind* Ⅲ双酶切得到一 817 bp 片段，此片段包括一个绿色荧光蛋白基因和加尾信号，然后将此片段插入 *BamH* Ⅰ/*Hind* Ⅲ双酶切的质粒载体 phsp 上，所得质粒为 phsp-gfp。phsp 载体包括质粒 pAcDZ1 上的果蝇 hsp70 启动子。

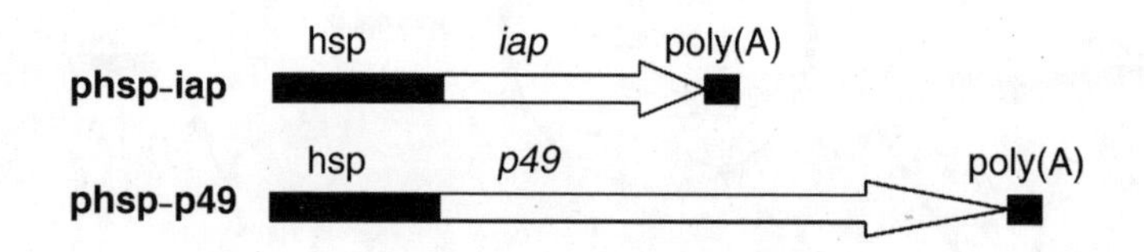

图 4-2 重组质粒 phsp-iap 和 phsp-p49 的结构

Fig. 4-2 Structure of the recombinant plasmids phsp-iap and phsp-p49

4.2.2 瞬时表达蛋白检测

瞬时表达质粒 phsp-gfp 与脂质体混合转染Sf9细胞，24 h 后荧光显微镜下观察，约60%的细胞可见绿色荧光（见图4-3），证明所采用的瞬时表达系统能有效启动外源基因在Sf9细胞中的表达。

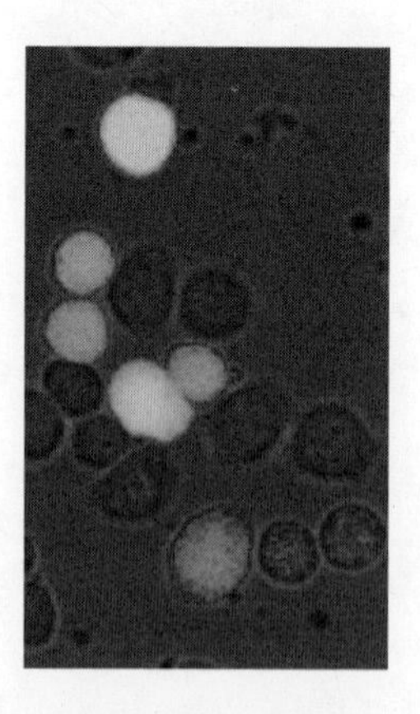

图 4-3 phsp-gfp 转染Sf9细胞 24 h 显微观察

Fig. 4-3 Fluorescence micrograph of Sf9 cells transfected with phsp-gfp 24 h. p. i.

为了检测 Splt-IAP4 或 Splt-P49 蛋白在转染 phsp-iap 被感染的细胞中是否得到了表达，我们进行了 western blotting 分析。瞬时表达质粒 phsp-iap 或 phsp-p49 与脂质体混合转染Sf9细胞，24 h 后以 IAP 或者 P49 抗体为一抗，羊抗兔 - IgG-AP 为二抗进行 western blotting 检测，结果显示转染 phsp-p49 的细胞中能够探测到大小为 51 kDa 的条带（见图 4 - 4）。同样，转染 phsp-iap 的细胞中能够探测到大小为 32 kDa 的条带（见图 4 - 4），32 kDa 大小蛋白推测为 Splt-IAP4 形成的二聚体。

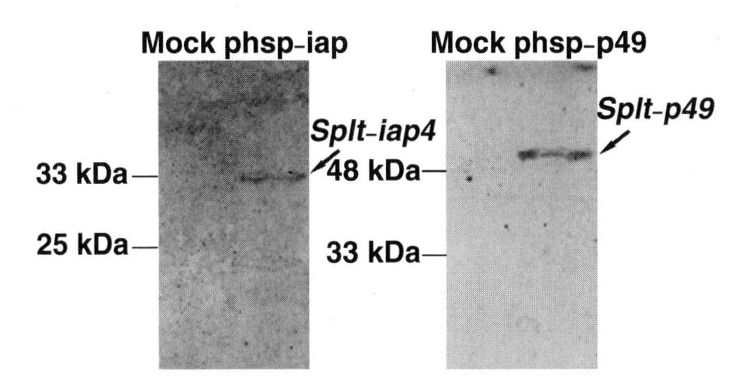

图 4 - 4　Sf9细胞中 *Splt-iap*4 和 *Splt-p*49 瞬时表达的 western blotting 测定

Fig. 4 - 4　Transient expression assay of *Splt-iap*4 and *Splt-p*49 in Sf-9 cells

Size standards (kDa) are indicated to the left of each panel, and the position of Splt-IAP4 or Splt-P49 are shown

4.2.3　Splt-IAP4 和 Splt-P49 抗凋亡活性检测

为了研究 Splt-P49 或 Splt-IAP4 蛋白在另一病毒细胞系统中是否具有抑制凋亡的作用，在 vAcAnh 感染的Sf9细胞中我们瞬时表达 *Splt-iap*4 和 *Splt-p*49 两基因。vAcAnh 是缺失 *p*35 基因的 AcMNPV，能诱导Sf9细胞的凋亡（Clem *et al.*, 1991）。通过检测 Splt-IAP4 或 Splt-P49 蛋白能否挽救 vAcAnh 感染所诱导的Sf9细胞的凋亡来研究两种蛋白的抗凋亡活性。转染瞬时表达质粒 24 h 后，以 vAcAnh 感染瞬时表达 GFP 蛋白，IAP 蛋白或 P49 蛋白的Sf9细胞，感染 24 h 后开始在光学显微镜下观察细胞状态。vAcAnh 感染 24 h 观察，转染 phsp-iap 和 phsp-gfp 质粒的细胞中大约有 50% 出现凋亡迹象（见图 4 - 5），而在转染 phsp-p49 质粒的细胞中只有 10% 出现凋亡迹象。vAcAnh 感染 48 h 后，经 phsp-p49 质粒转染的细胞中有多角体的出现，而在转染 phsp-iap 和 phsp-gfp 质粒的细胞中观察不到有多角体的细胞。

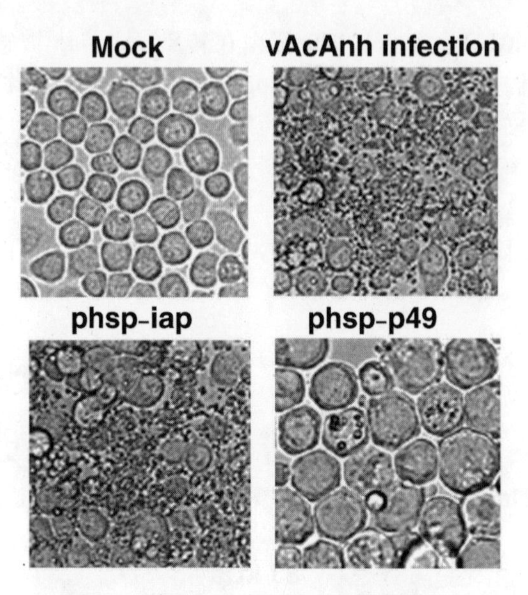

图 4 – 5　瞬时表达的光学显微镜照片

Fig. 4 – 5　Photographs of transient expression

Mock-infected, vAcAnh-infected Sf9 cells, vAcAnh-infected Sf9 cells in transient expressing *Splt-iap*4 or *Splt-p*49 at 48 h. p. i.

为了比较这种两基因挽救凋亡的水平，我们统计了感染后各个时间点的细胞存活率。结果显示，转染 phsp-iap 至被 vAcAnh 感染的细胞处理和只有vAcAnh感染的细胞处理的细胞存活率没有明显差异（见图 4 – 6），说明在 vA-

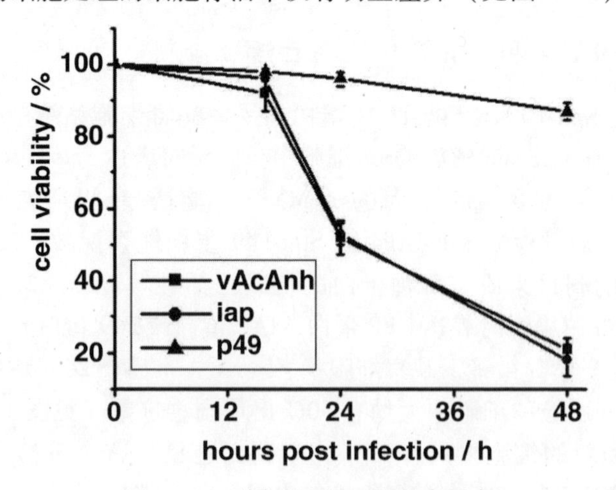

图 4 – 6　不同时间点Sf9细胞存活率

Fig. 4 – 6　Sf9 cell viability at different time points

cAnh 感染Sf9细胞这个系统中，Splt-IAP4 不能延迟凋亡，也不能刺激 Splt-P49 的抗凋亡活性。综合以上结果表明 Splt-P49 能够抑制 vAcAnh 感染诱导的Sf9细胞的凋亡并能恢复病毒的复制，但 Splt-IAP4 不能。

4.3　讨论

先前研究果蝇 hsp70 启动子经热激后在昆虫细胞中能高效表达其下游基因（Mclachlin & Miller，1997；Sahdev *et al.*，2003），因此根据这些研究本章实验中利用果蝇 hsp70 启动子在Sf9细胞中瞬时表达 SpltNPV 中的 *Splt-iap*4 和 *Splt-p*49 基因，Splt-P49 蛋白的表达抑制了 AcMNPV *p*35 基因缺失突变株 vAcAnh 所引起的凋亡，证明 SpltNPV 中 *p*49 基因是一个凋亡抑制基因，而 Splt-IAP4 蛋白的表达不能抑制 AcMNPV *p*35 基因缺失突变株 vAcAnh 所引起的凋亡，表明 SpltNPV 中 *iap*4 基因不具有凋亡抑制作用。

先前研究显示，通过瞬时表达测定结果表明与 Splt-IAP4 高度同源的蛋白 Spli-IAP4 不能抑制由缺失 *p*35 的 AcMNPV 的复制诱导的Sf9细胞凋亡，但可以延迟这种凋亡（Liu *et al.*，2003）。最近有研究报道在Sf9细胞中瞬时表达 Splt-P49 能使缺失 *p*35 的 AcMNPV 在Sf9细胞中产生子代病毒（Yu *et al.*，2005）。我们利用相同的策略，例如瞬时表达测定，来检测 Splt-P49 或 Splt-IAP4 在Sf9细胞中的抗凋亡功能。结果显示，Splt-P49 能够挽救缺失 *p*35 的 AcMNPV 在Sf9细胞中的复制，这个结果与于某等人的研究是一致的（Yu *et al.*，2005）。然而，我们并没有观察到 Splt-IAP4 能抑制或延迟缺失 *p*35 的 AcMNPV 感染诱导的Sf9细胞的凋亡。SlNPV 与 SpltNPV 亲缘关系很近，也含有 *p*49 和 *iap* 两个基因，Splt-IAP4 与 Spli-IAP4 有 73% 的氨基酸序列一致性都被划分为 IAP4 类，因为它们都只有一个 BIR 基序（Liu *et al.*，2003）。虽然 *Splt-iap*4 和 *Spli-iap*4 两者的相似性很高，但实验证明两蛋白的功能上确实存在着一定的差异。对 *Splt-iap*4 和 *Spli-iap*4 的类似研究将可以发现它们在抗凋亡作用中的不同，这对以后其他抗凋亡功能的研究有重要的借鉴意义。

4.4　小结

（1）构建质粒 hsp-p49 并瞬时表达 *Splt-p*49 基因，经光镜观察和细胞存活率分析结果表明 Splt-P49 能挽救 vAcAnh 感染诱导的Sf9细胞凋亡并能恢复病毒的复制产生多角体。

（2）构建质粒 hsp-iap 并瞬时表达 *Splt-iap*4 基因，经光镜观察和细胞存活率分析结果表明 Splt-IAP4 不能挽救 vAcAnh 感染诱导的Sf9 细胞凋亡。

第5章　杆状病毒与抗凋亡基因的进化关系研究

杆状病毒中的抗凋亡基因被分成两个家族——*p*35 和 *iap*，*iap* 又被分成五类：*iap*1、*iap*2、*iap*3、*iap*4 和 *iap*5（Luque *et al.*，2001b）。根据序列同源性分析，杆状病毒可被分为四个属：*Alphabaculovirus*（鳞翅目特异性的核多角体病毒）、*Betabaculovirus*（鳞翅目特异性的颗粒体病毒）、*Gammabaculovirus*（膜翅目特异性的核多角体病毒）和 *Deltabaculovirus*（双翅目特异性的核多角体病毒）（Jehle *et al.*，2006）。据目前研究显示，所有全基因组测序的杆状病毒中都含有抗凋亡基因，由于凋亡是进化上非常保守的过程，不同属的杆状病毒是否含有相似的抗凋亡基因，即抗凋亡基因与其来源的宿主之间进化关系如何，本章通过序列比对和进化分析来探究这些问题。

5.1　材料与方法

5.1.1　材料

截至 2008 年 4 月，完成了全基因组测序并提交至 GenBank 的 43 株杆状病毒全基因组序列，见表 5－1。

5.1.2　方法

43 株杆状病毒全基因组和各杆状病毒全基因组中抗凋亡基因的搜索及分析。

在“http://www.ncbi.nlm.nih.gov/”网站上通过 Blast 搜索到 43 株杆状病毒全基因组并下载 word 文档，然后在全基因组中找到各杆状病毒中所含有的抗凋亡基因。根据各基因的同源性结合所报道文献将所搜索到的抗凋亡基因分类。每一类抗凋亡基因利用 Clustal W 软件进行序列比对，并构建进化树。将根据抗凋亡基因构建的进化树与基于杆状病毒基因组构建的系统发生树进行比较发掘其中的关系。

5.2 结果与分析

5.2.1 43株杆状病毒全基因组特征

通过“http://www.ncbi.nlm.nih.gov/”网站的Blast搜索到43株杆状病毒全基因组，总结如表5-1所示：

表5-1 杆状病毒基因组特征

Table 5-1 Characteristics of baculovirus genomes

病毒名称	病毒缩写	开放读码框数量	基因组大小/bp	Ncbi网站登录号	参考文献
Adoxophyes honmai NPV	AdhoNPV	125	113 220	NC_004690	Nakai *et al.*, 2003
Adoxophyes orana GV	AdorGV	119	99 657	NC_005038	Wormleaton *et al.*, 2003
Agrotis segetum GV	AgseGV	132	131 680	NC_005839	—
Agrotis segetum NPV	AgSeMNPV	153	147 544	NC_007921	Jakubowska *et al.*, 2006
Antheraea pernyi NPV	AnpeNPV	144	126 630	NC_008035	Nie *et al.*, 2007
Anticarsia gemmatalis NPV	AngeNPV	152	132 239	NC_008520	Oliveira *et al.*, 2006
Autographa californica MNPV	AcMNPV	154	133 894	NC_001623	Ayres *et al.*, 1994
Bombyx mori NPV	BmNPV	143	128 413	NC_001962	Gomi *et al.*, 1999b
Choristoneura fumiferana NPV	CfDefNPV	149	131 160	NC_005137	Lauzon *et al.*, 2005
Choristoneura fumiferana NPV	CfMNPV	145	129 593	NC_004778	de Jong *et al.*, 2005

续表 5－1

病毒名称	病毒缩写	开放读码框数量	基因组大小/bp	Ncbi 网站登录号	参考文献
Choristoneura occidentalis GV	ChocGV	116	104 710	NC_008168	Escasa *et al.*, 2006
Chrysodeixis chalcites NPV	ChchNPV	151	149 622	NC_007151	van Oers *et al.*, 2005
Clanis bilineata NPV	ClbiNPV	129	135 454	NC_008293	—
Cryptophlebia leucotreta GV	CrleGV	129	110 907	NC_005068	Lange & Jehle, 2003
Culex nigripalpus NPV	CuniNPV	109	108 252	NC_003084	Afonso *et al.*, 2001
Cydia pomonella GV	CpGV	143	123 500	NC_002816	Luque *et al.*, 2001a
Ectropis oblique NPV	EcobNPV	126	131 204	NC_008586	Ma *et al.*, 2007
Epiphyas postvittana NPV	EppoNPV	136	118 584	NC_003083	Hyink *et al.*, 2002
Helicoverpa armigera GV	HearGV	160	169 794	NC_010240	—
Helicoverpa armigera NPV-C1	HearNPV-C1	134	130 759	NC_003094	Zhang *et al.*, 2005
Helicoverpa zea NPV	HzNPV	136	130 869	NC_003349	Chen *et al.*, 2002
Helicoverpa armigera NPV-G4	HearNPV-G4	139	131 403	NC_002654	Chen *et al.*, 2001
Hyphantria cunea NPV	HycuNPV	148	132 959	NC_007767	Ikeda *et al.*, 2006
Leucania seperata NPV	LeSeMNPV	169	168 041	NC_008348	Xiao & Qi, 2007
Lymantria dispar NPV	LdNPV	166	161 046	NC_001973	Kuzio *et al.*, 1999

续表 5-1

病毒名称	病毒缩写	开放读码框数量	基因组大小/bp	Ncbi 网站登录号	参考文献
Mamestra configurata NPV A	MacoNPV A	169	155 060	NC_003529	Li *et al.*, 2002b
Mamestra configurata NPV B	MacoNPV B	168	158 482	NC_004117	Li *et al.*, 2002a
Maruca vitrata NPV	MvNPV	126	111 953	NC_008725	—
Neodiprion abietis NPV	NeabNPV	93	84 264	NC_008252	Duffy *et al.*, 2006
Neodiprion lecontei NPV	NeleNPV	90	81 755	NC_005906	Lauzon *et al.*, 2004
Neodiprion sertifer NPV	NeSeMNPV	90	86 462	NC_005905	Garcia-Maruniak *et al.*, 2004
Orgyia pseudotsugata NPV	OpMNPV	152	131 995	NC_001875	Ahrens *et al.*, 1997
Orgyia leucostigma NPV	OrleNPV	164	156 179	NC_010276	—
Phthorimea operculella GV	PhopGV	130	119 217	NC_004062	—
Plutella xylostella GV	PlxyGV	120	100 999	NC_002593	Hashimoto *et al.*, 2000
Plutella xylostella NPV	PlxyNPV	152	134 417	NC_008349	Harrison & Lynn, 2007
Rachiplusia ou NPV	RaouNPV	146	131 526	NC_004323	Harrison & Bonning, 2003
Spodoptera exigua NPV	SeMNPV	139	135 611	NC_002169	IJkel *et al.*, 1999
Spodoptera frugiperda NPV	SfNPV	142	131 330	NC_009011	—
Spodoptera litura GV	SpltGV	134	124 121	DQ288858	—

续表 5－1

病毒名称	病毒缩写	开放读码框数量	基因组大小/bp	Ncbi 网站登录号	参考文献
Spodoptera litura NPV	SpltNPV	141	139 342	NC_003102	Pang *et al.*, 2001
Trichoplusia ni NPV	TnNPV	144	134 394	NC_007383	Willis *et al.*, 2005
Xestia c-nigrum GV	XecnGV	181	178 733	NC_002331	Hayakawa *et al.*, 1999

5.2.2　43 株杆状病毒全基因组中的抗凋亡基因

从 43 株杆状病毒全基因组序列及所发表的文献中找出各个杆状病毒中的抗凋亡基因并根据其基因序列的同源性进行初步分类，总结如表 5－2 所示：

表 5－2　43 株杆状病毒基因组中的抗凋亡基因特征

Table 5－2　Antiapoptotic genes presenting in baculovirus genomes

病毒名称	病毒缩写	分类	*p35*/*p49*	*iap1*	*iap2*	*iap3*	*iap4*	*iap5*	参考文献
Autographa californica MNPV	AcMNPV	lepidopteran-specific group Ⅰ NPVs	+	+	+	－	－	－	Ayres *et al.*, 1994
Plutella xylostella NPV	PlxyNPV		+	+	+	－	－	－	Harrison & Lynn, 2007
Rachiplusia ou NPV	RaouNPV		+	+	+	－	－	－	Harrison & Bonning, 2003
Bombyx mori NPV	BmNPV		+	+	+	－	－	－	Gomi *et al.*, 1999a
Maruca vitrata NPV	MvNPV		+	+	+	－	－	－	NC_008725
Orgyia pseudotsugata NPV	OpMNPV		－	+	+	+	+	－	Ahrens *et al.*, 1997

续表 5-2

病毒名称	病毒缩写	分类	*p*35/*p*49	*iap*1	*iap*2	*iap*3	*iap*4	*iap*5	参考文献
Epiphyas postvittana NPV	EppoNPV	lepidopteran-specific group Ⅱ NPVs	–	+	+	+	+	–	Hyink *et al.*, 2002
Choristoneura fumiferana NPV	CfDefNPV		–	+	+	+	+*	–	Lauzon *et al.*, 2005
Choristoneura fumiferana NPV	CfMNPV		–	+	+	+	–	–	de Jong *et al.*, 2005
Hyphantria cunea NPV	HycuNPV		–	+	+	+	–	–	Ikeda *et al.*, 2006
Anticarsia gemmatalis NPV	AngeNPV		–	+	+	+	–	–	Oliveira *et al.*, 2006
Antheraea pernyi NPV	AnpeNPV		–	+	+*	–	–	–	Nie *et al.*, 2007
Helicoverpa armigera NPV-C1	HearNPV-C1		–	–	+	+	–	–	Zhang *et al.*, 2005
Helicoverpa armigera NPV-G4	HearNPV-G4		–	–	+	+	–	–	Chen *et al.*, 2001
Helicoverpa zea NPV	HzNPV		–	–	+	+	–	–	Chen *et al.*, 2002
Adoxophyes honmai NPV	AdhoNPV		–	–	+	+	+	–	Nakai *et al.*, 2003
Lymantria dispar NPV	LdNPV		–	–	+	+*	–	–	Kuzio *et al.*, 1999
Chrysodeixis chalcites NPV	ChchNPV		–	–	+	+	–	–	van Oers *et al.*, 2005

续表 5-2

病毒名称	病毒缩写	分类	*p35*/*p49*	*iap1*	*iap2*	*iap3*	*iap4*	*iap5*	参考文献
Trichoplusia ni NPV	TnNPV		-	-	+	+	-	-	Willis, *et al.*, 2005
Agrotis segetum NPV	AgSeMNPV		-	-	+	+	-	-	Jakubowska *et al.*, 2005
Spodoptera exigua NPV	SeMNPV		-	-	+	+	-	-	IJkel *et al.*, 1999
Mamestra configurata NPV A	MacoNPV A		-	-	+	+	-	-	Li *et al.*, 2002b
Mamestra configurata NPV B	MacoNPV B		-	-	+	+	-	-	Li *et al.*, 2002a
Ectropis oblique NPV	EcobNPV		-	-	+	-	-	-	Ma *et al.*, 2007
Spodoptera frugiperda NPV	SfNPV		-	-	+	+	-	-	NC_009011
Clanis bilineata NPV	ClbiNPV		-	-	+	+*	-	-	NC_008293
Orgyia leucostigma NPV	OrleNPV		-	-	+*	+*	-	-	NC_010276
Leucania seperata NPV	LeSeMNPV		+	-	+	+	-	-	Xiao & Qi, 2007
Spodoptera litura NPV	SpltNPV		+	-	-	-	+	-	Pang *et al.*, 2001
Plutella xylostella GV	PlxyGV	lepidopteran-specific GVs	-	-	-	-	-	+	Hashimoto *et al.*, 2000

续表 5-2

病毒名称	病毒缩写	分类	p35/p49	iap1	iap2	iap3	iap4	iap5	参考文献
Xestia c-nigrum GV	XecnGV		-	-	-	-	-	+	Hayakawa *et al.*, 1999
Helicoverpa armigera GV	HearGV		-	-	-	-	-	+	NC_010240
Spodoptera litura GV	SpltGV		-	-	-	+	-	+	DQ288858
Adoxophyes orana GV	AdorGV		-	-	-	+	-	+	Wormleaton *et al.*, 2003
Phthorimea operculella GV	PhopGV		-	+	-	-	-	+	NC_004062
Agrotis segetum GV	AgseGV		-	+	-	-	-	+	NC_005839
Cydia pomonella GV	CpGV		-	+	-	+	-	+	Luque *et al.*, 2001a
Cryptophlebia leucotreta GV	CrleGV		-	+	-	+	-	+	Lange & Jehle, 2003
Choristoneura occidentalis GV	ChocGV		+	-	-	+	-	+	Escasa *et al.*, 2006
Neodiprion lecontei NPV	NeleNPV	hymenopteran-specific NPVs	-	-	-	+	-	-	Lauzon *et al.*, 2004
Neodiprion abietis NPV	NeabNPV		-	-	-	+*	-	-	Duffy *et al.*, 2006
Neodiprion sertifer NPV	NeSeMNPV		-	-	-	+*	-	-	Garcia-Maruniak *et al.*, 2004

续表 5－2

病毒名称	病毒缩写	分类	*p35* /*p49*	*iap1*	*iap2*	*iap3*	*iap4*	*iap5*	参考文献
Culex nigripalpus NPV	CuniNPV	dipteran-specific NPV	+	－	－	－	－	－	Afonso *et al.*, 2001

“＋”表示病毒中存在此基因，“－”表示病毒中不存在此基因，＊表示截短的基因。

经过进化，杆状病毒基因组中包括几个不同的抗凋亡基因，这些基因被分成两个家族：*p35* 和 *iap*。*iap* 又能被分成五类：*iap1*、*iap2*、*iap3*、*iap4* 和 *iap5*（Luque *et al.*, 2001c）。一个根据病毒基因和基因组的核酸序列产生的新分类和命名法提议认为杆状病毒应该包括四个属：*Alphabaculovirus*（鳞翅目特异性的核多角体病毒）、*Betabaculovirus*（鳞翅目特异性的颗粒体病毒）、*Gammabaculovirus*（膜翅目特异性的核多角体病毒）和 *Deltabaculovirus*（双翅目特异性的核多角体病毒）（Jehle *et al.*, 2006）。鳞翅目特异性的核多角体病毒又可进一步划分为两亚属：Ⅰ类和Ⅱ类（Herniou *et al.*, 2003）。在已测序的 43 株杆状病毒全基因组中存在的抗凋亡基因被总结在表 5－2 中。总的来说，不同的群有它们自己不同的特征：所有的鳞翅目特异性的核多角体病毒Ⅰ类都包括 *iap1* 和 *iap2*，所有的鳞翅目特异性的核多角体病毒Ⅱ类除 SpltNPV 外都包括 *iap2* 和 *iap3*，*iap5* 是鳞翅目特异性的颗粒体病毒所特有的基因，膜翅目特异性的核多角体病毒只含有 *iap3*。在不同分类学群中存在的不同抗凋亡基因类型有高度保守性暗示凋亡在杆状病毒的系统发生上起了一个重要的作用。到目前为止，杆状病毒中在 43 个测序的杆状病毒基因组中有 6 个杆状病毒含有 *p35* 同源基因，它们是 RoNPV、AcMNPV、BmNPV、PlxyNPV、MvNPV 和 CuniNPV；有 3 个杆状病毒含有 *p49* 同源基因，分别是 ChocGV、SpltNPV 和 LeSeMNPV（见表 5－2）。

5.2.3　*iap* 的序列比对和进化分析

从表 5－2 中我们发现亲缘关系相近的杆状病毒所含有的抗凋亡基因（*p35*/*p49* 和 *iap*）的类型也比较相近，如 *iap5* 基因只有在 GV 中存在。下一步为了了解在同类抗凋亡基因中是否亲缘关系相近的杆状病毒其抗凋亡基因的序列也相近，即根据某一类抗凋亡基因的比对所形成的进化关系与根据全基因组比对形成的进化关系是否一致。由于在杆状病毒中 *iap2* 是包括最为广泛的抗凋亡基因，所以以这类基因为例进行基因序列的比对（见图 5 －1）和进化分析（见图5 －2、图5 －3）。

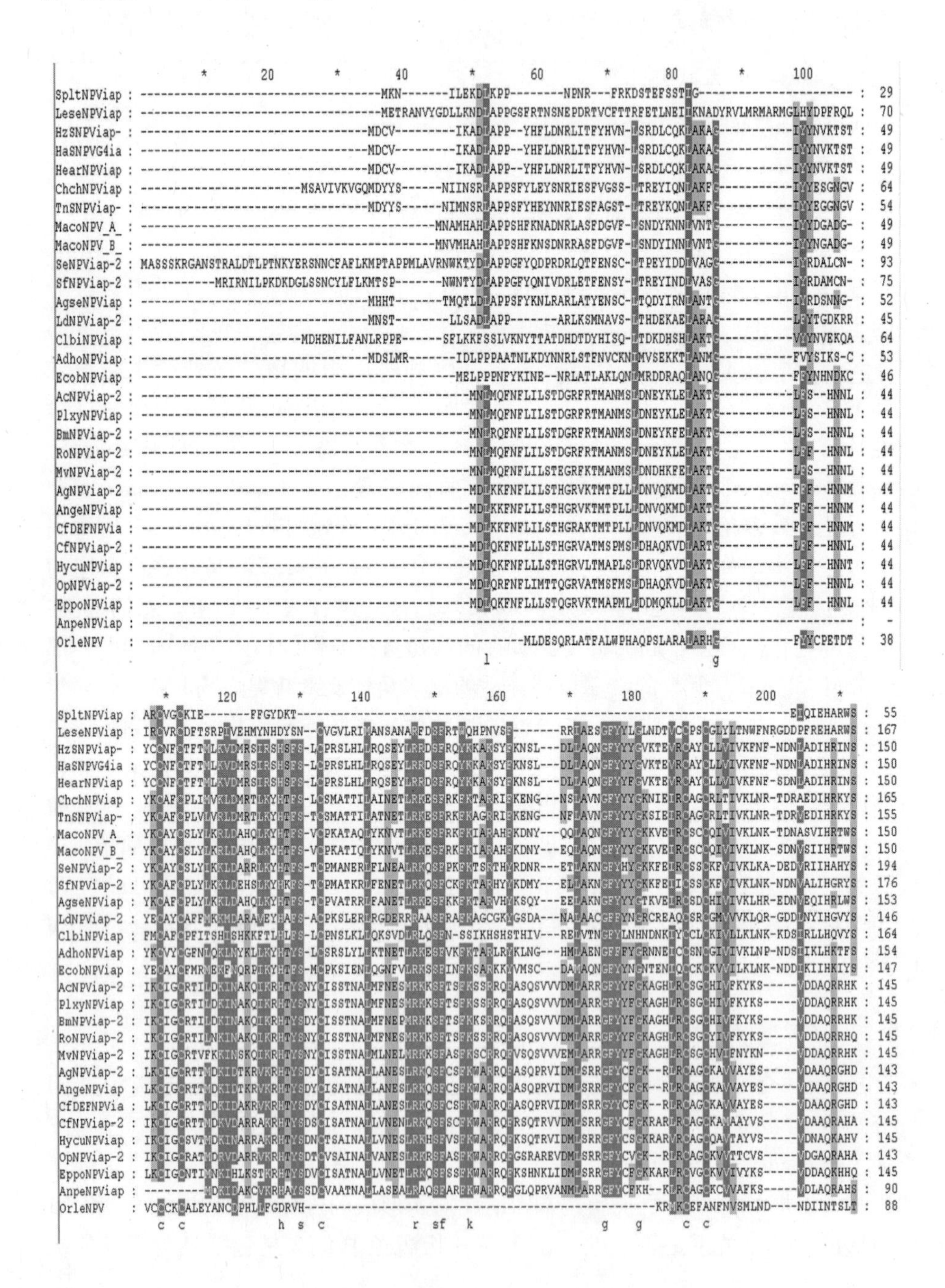

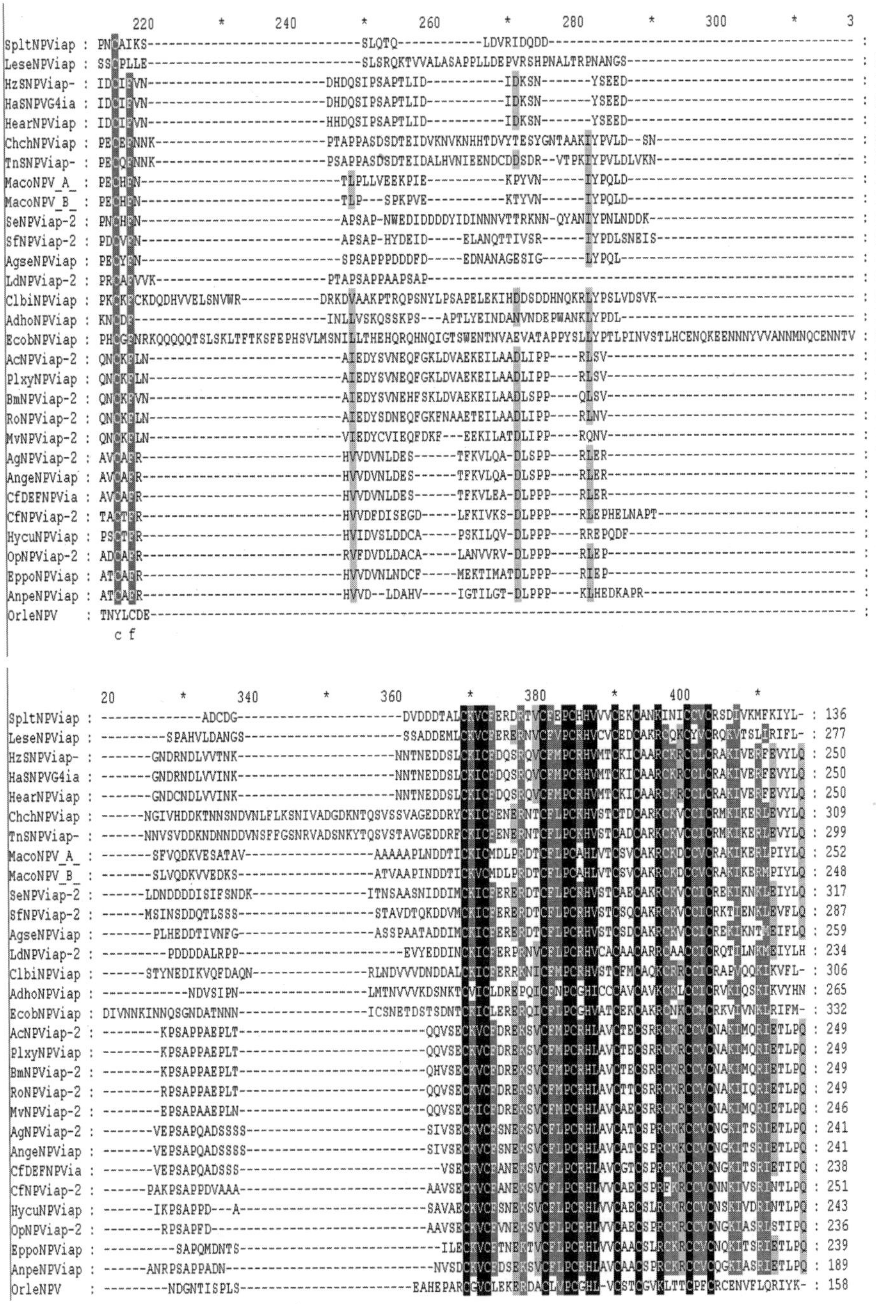

```
                  220         *        240         *        260         *        280         *        300         *        3
SpltNPViap : PNCAIKS----------------------------SLQTQ-----------LDVRIDQDD------------------------------------------ :  76
LeseNPViap : SSCPLLE----------------------------SLSRQKTVVALASAPPLLDEPVRSHPNALTRPNANGS------------------------------- : 211
HzSNPViap- : IDCIFVN------------------------DHDQSIPSAPTLID----------IDKSN------YSEED------------------------------- : 181
HaSNPVG4ia : IDCIFVN------------------------DHDQSIPSAPTLID----------IDKSN------YSEED------------------------------- : 181
HearNPViap : IDCIFVN------------------------HHDQSIPSAPTLID----------IDKSN------YSEED------------------------------- : 181
ChchNPViap : PECEFNNK-----------------------PTAPPASDSDTEIDVKNVKNHHTDVYTESYGNTAAKIYPVLD--SN------------------------- : 217
TnSNPViap- : PECQFNNK-----------------------PSAPPASDSDTEIDALHVNIEENDCDDSDR--VTPKIYPVLDLVKN------------------------- : 207
MacoNPV_A_ : PECHFN---------------------------TLPLLVEEKPIE----------KPYVN-----IYPQLD------------------------------- : 179
MacoNPV_B_ : PECHFN---------------------------TLP---SPKPVE----------KTYVN-----IYPQLD------------------------------- : 176
SeNPViap-2 : PNCHFN---------------------------APSAP-NWEDIDDDDYIDINNNVTTRKNN-QYANIYPNLNDDK--------------------------- : 241
SfNPViap-2 : PDCVFN---------------------------APSAP-HYDEID-----ELANQTTIVSR-----IYPDLSNEIS---------------------------- : 214
AgseNPViap : PECYFN---------------------------SPSAPPPDDDFD-----EDNANAGESIG-----LYPQL--------------------------------- : 187
LdNPViap-2 : PRCAFVVK-------------------------PTAPSAPPAAPSAP----------------------------------------------------------- : 168
ClbiNPViap : PKCKFCKDQDHVVELSNVWR-----------DRKDVAAKPTRQPSNYLPSAPELEKIHDDSDDHNQKRLYPSLVDSVK-------------------------- : 231
AdhoNPViap : KNCDF--------------------------INLLVSKQSSKPS---APTLYEINDANVNDEPWANKLYPDL---------------------------------- : 197
EcobNPViap : PHCGFNRKQQQQQTSLSKLTFTKSFEPHSVLMSNILLTHEHQRQHNQIGTSWENTNVAEVATAPPYSLLYPTLPINVSTLHCENQKEENNNYVVANNMNQCENNTV : 253
AcNPViap-2 : QNCKFLN--------------------------AIEDYSVNEQFGKLDVAEKEILAADLIPP----RLSV----------------------------------- : 185
PlxyNPViap : QNCKFLN--------------------------AIEDYSVNEQFGKLDVAEKEILAADLIPP----RLSV----------------------------------- : 185
BmNPViap-2 : QNCKFVN--------------------------AIEDYSVNEHFSKLDVAEKEILAADLSPP----QLSV----------------------------------- : 185
RoNPViap-2 : QNCKFLN--------------------------AIEDYSDNEQFGKFNAAETEILAADLIPP----RLNV----------------------------------- : 185
MvNPViap-2 : QNCKFLN--------------------------VIEDYCVIEQFDKF---EEKILATDLIPP----RQNV----------------------------------- : 182
AgNPViap-2 : AVCAFR---------------------------HVVDVNLDES------TFKVLQA-DLSPP----RLER----------------------------------- : 175
AngeNPViap : AVCAFR---------------------------HVVDVNLDES------TFKVLQA-DLSPP----RLER----------------------------------- : 175
CfDEFNPVia : AVCAFR---------------------------HVVDVNLDES------TFKVLEA-DLPPP----RLER----------------------------------- : 175
CfNPViap-2 : TACTFR---------------------------HVVDFDISEGD-----LFKIVKS-DLPPP----RLEPHELNAPT---------------------------- : 185
HycuNPViap : PSCTFR---------------------------HVIDVSLDDCA-----PSKILQV-DLPPP----RREPQDF-------------------------------- : 181
OpNPViap-2 : ADCAFR---------------------------RVFDVDLDACA-----LANVVRV-DLPPP----RLEP------------------------------------ : 176
EppoNPViap : ATCAFR---------------------------HVVDVNLNDCF-----MEKTIMATDLPPP----RIEP------------------------------------ : 179
AnpeNPViap : ATCAFR---------------------------HVVD--LDAHV-----IGTILGT-DLPPP----KLHEDKAPR------------------------------- : 126
OrleNPV    : TNYLCDE----------------------------------------------------------------------------------------------- :  95
               c f
```

```
             20          *        340         *        360         *        380         *        400         *
SpltNPViap : --------------ADCDG----------------------DVDDDTALCKVCFERDRTVCFEPCHHVVVCEKCANKINICCVCRSDIVKMFKIYL- : 136
LeseNPViap : ---------SPAHVLDANGS---------------------SSADDEMLCKVCFERERNVCFVPCRHVCVCEDCAKRCQKCYVCRQKVTSLIRIFL- : 277
HzSNPViap- : -------GNDRNDLVVTNK--------------------NNTNEDDSLCKICFDQSRQVCFMPCRHVMTCKICAARCKRCCLCRAKIVERFEVYLQ : 250
HaSNPVG4ia : -------GNDRNDLVVINK--------------------NNTNEDDSLCKICFDQSRQVCFMPCRHVMTCKICAARCKRCCLCRAKIVERFEVYLQ : 250
HearNPViap : -------GNDCNDLVVINK--------------------NNTNEDDSLCKICFDQSRQVCFMPCRHVMTCKICAARCKRCCLCRAKIVERFEVYLQ : 250
ChchNPViap : ------NGIVHDDKTNNSNDVNLFLKSNIVADGDKNTQSVSSVAGEDDRYCKICFENERNTCFLPCKHVSTCTDCARKCKVCCICRMKIKERLEVYLQ : 309
TnSNPViap- : ------NNVSVDDKNDNNDDVNSFFGSNRVADSNKYTQSVSTAVGEDDRFCKICFENERNTCFLPCKHVSTCADCARKCKVCCICRMKIKERLEVYLQ : 299
MacoNPV_A_ : -------SFVQDKVESATAV-----------------AAAAAPLNDDTICKICMDLPRDTCFLPCAHLVTCSVCAKRCKDCCVCRAKIKERLPIYLQ : 252
MacoNPV_B_ : -------SLVQDKVVEDKS------------------ATVAAPINDDTICKVCMDLPRDTCFLPCAHLVTCSVCAKRCKDCCVCRAKIKERMPIYLQ : 248
SeNPViap-2 : ------LDNDDDDISIFSNDK----------------ITNSAASNIDDIMCKICFERERDTCFLPCRHVSTCAECAKRCKVCCICREKIKNKLEIYLQ : 317
SfNPViap-2 : ------MSINSDDQTLSSS------------------STAVDTQKDDVMCKICFERERDTCFLPCRHVSTCSQCAKRCKVCCICRKTLENKLEVFLQ : 287
AgseNPViap : -------PLHEDDTIVNFG------------------ASSPAATADDIMCKICFERERDTCFLPCRHVSTCSDCAKRCKVCCICREKIKNTMEIFLQ : 259
LdNPViap-2 : ---------PDDDDALRPP----------------------EVYEDDINCKICFERPRNVCFLPCRHVCACAACARRCAACCICRQTILNKMEIYLH : 234
ClbiNPViap : ------STYNEDIKVQFDAQN----------------RLNDVVVDNDDALCKICFERRKNICFMPCRHVSTCFMCAQKCRRCCICRAPVQQKIKVFL- : 306
AdhoNPViap : ------------NDVSIPN------------------LMTNVVVKDSNKTCVICLDREPQICFNPCGHICCCAVCAVKCKLCCICRVKIQSKIKVYHN : 265
EcobNPViap : DIVNNKINNQSGNDATNNN------------------ICSNETDSTSDNTCKICLERERQICFLPCGHVATCEKCAKRCNKCCMCRKVIVNKLRIFM- : 332
AcNPViap-2 : --------KPSAPPAEPLT--------------------------QQVSECKVCFDREKSVCFMPCRHLAVCTECSRRCKRCCVCNAKIMQRIETLPQ : 249
PlxyNPViap : --------KPSAPPAEPLT--------------------------QQVSECKVCFDREKSVCFMPCRHLAVCTECSRRCKRCCVCNAKIMQRIETLPQ : 249
BmNPViap-2 : --------KPSAPPAEPLT--------------------------QHVSECKVCFDREKSVCFMPCRHLAVCTECSRRCKRCCVCNAKIMQRIETLPQ : 249
RoNPViap-2 : --------RPSAPPAEPLT--------------------------QQVSECKVCFDREKSVCFMPCRHLAVCTTCSRRCKRCCVCNAKIIQRIETLPQ : 249
MvNPViap-2 : --------EPSAPAAEPLN--------------------------QQVSECKICFDREKSVCFMPCRHLAVCAECSRRCKRCCVCNAKIMQRIETLPQ : 246
AgNPViap-2 : -------VEPSAPQADSSSS-------------------------SIVSECKVCFSNEKSVCFLPCRHLAVCATCSPRCKKCCVCNGKITSRIETLPQ : 241
AngeNPViap : -------VEPSAPQADSSSS-------------------------SIVSECKVCFSNEKSVCFLPCRHLAVCATCSPRCKKCCVCNGKITSRIETLPQ : 241
CfDEFNPVia : -------VEPSAPQADSSS----------------------------VSECKVCFANEKSVCFLPCRHLAVCGTCSPRCKKCCVCNGKITSRIETIPQ : 238
CfNPViap-2 : ------PAKPSAPPDVAAA--------------------------AAVSECKVCFANEKSVCFLPCRHLVVCAECSPRFKRCCVCNNKIVSRINTLPQ : 251
HycuNPViap : -------IKPSAPPD---A--------------------------SAVAECKVCFSNEKSVCFLPCRHLVVCAECSLRCKRCCVCNSKIVDRINTLPQ : 243
OpNPViap-2 : --------RPSAPFD------------------------------AAVSECKVCFVNEKSVCFLPCRHLVVCAECSPRCKRCCVCNGKIASRLSTIPQ : 236
EppoNPViap : ----------SAPQMDNTS----------------------------ILECKVCFTNEKTVCFLPCRHLVVCAACSLRCKRCCVCNQKITSRIETLPQ : 239
AnpeNPViap : ------ANRPSAPPADN-----------------------------NVSDCKVCFDSEKSVCFLPCRHLAVCAACSPRCKRCCVCQGKIASRIETLPQ : 189
OrleNPV    : ---------NDGNTISPLS----------------------EAHEPARCGVCLEKERDACLVPCGHL-VCSTCGVKLTTCPFCRCENVFLQRIYK- : 158
```

图5-1 杆状病毒IAP2蛋白同源物的氨基酸多序列比对结果

Fig. 5-1 Amino acid sequences mutilple alinement results of IAP2 homologs in baculovirus

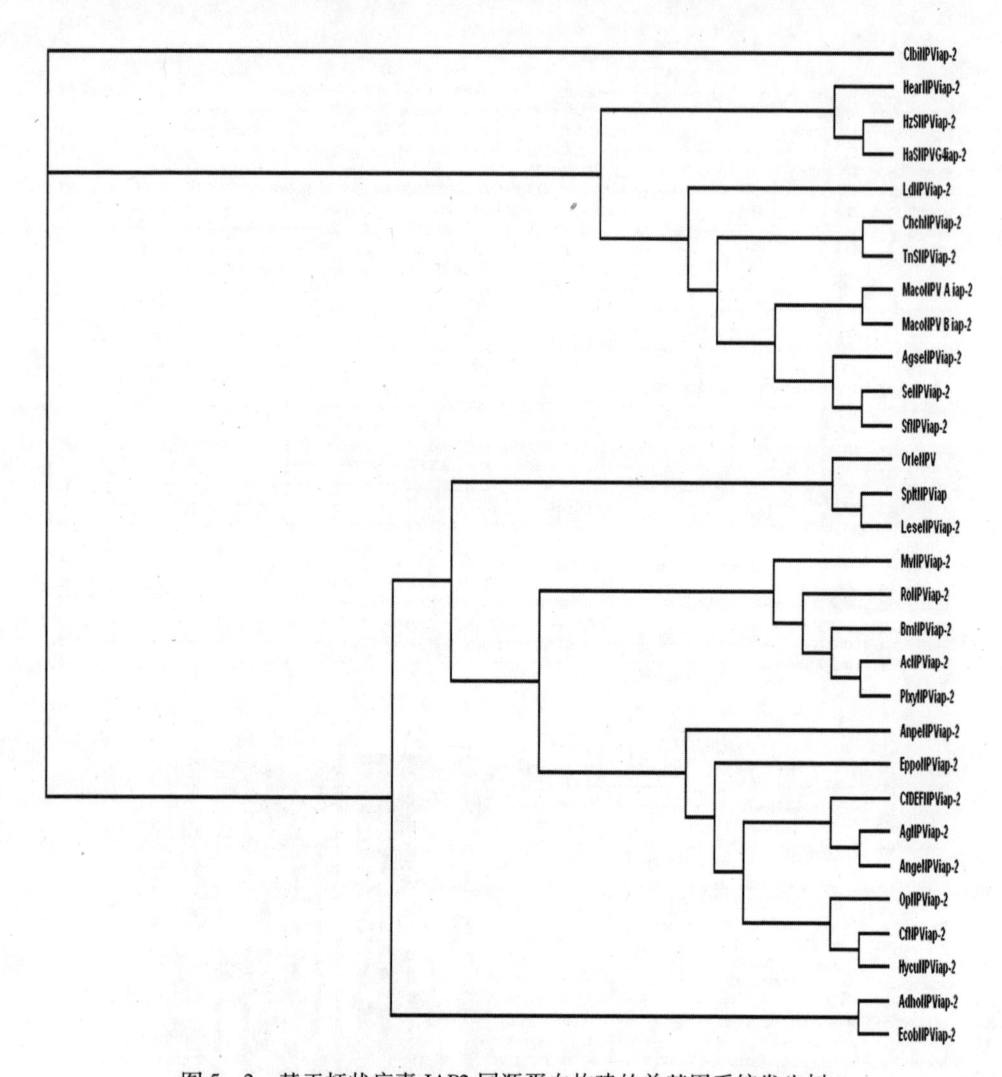

图 5－2　基于杆状病毒 IAP2 同源蛋白构建的单基因系统发生树

Fig. 5－2　Most parsimonious tree based on amino acid sequences of IAP2 homologs, bootstrap 100 times

Clustal W 1.83 软件对杆状病毒 IAP2 蛋白同源物的氨基酸多序列比对进一步显示，在这 43 株杆状病毒中 IAP2 蛋白是高度保守的，除 AnpeNPV 和 OrleNPV中的 IAP2 蛋白是被截短的外，其余蛋白相似性都很高，但所有的蛋白都在其氨基酸中间区含有一个 BIR 基序和 C 端含有一个 RING 基序且保守性很高（Luque *et al.*, 2001d）。

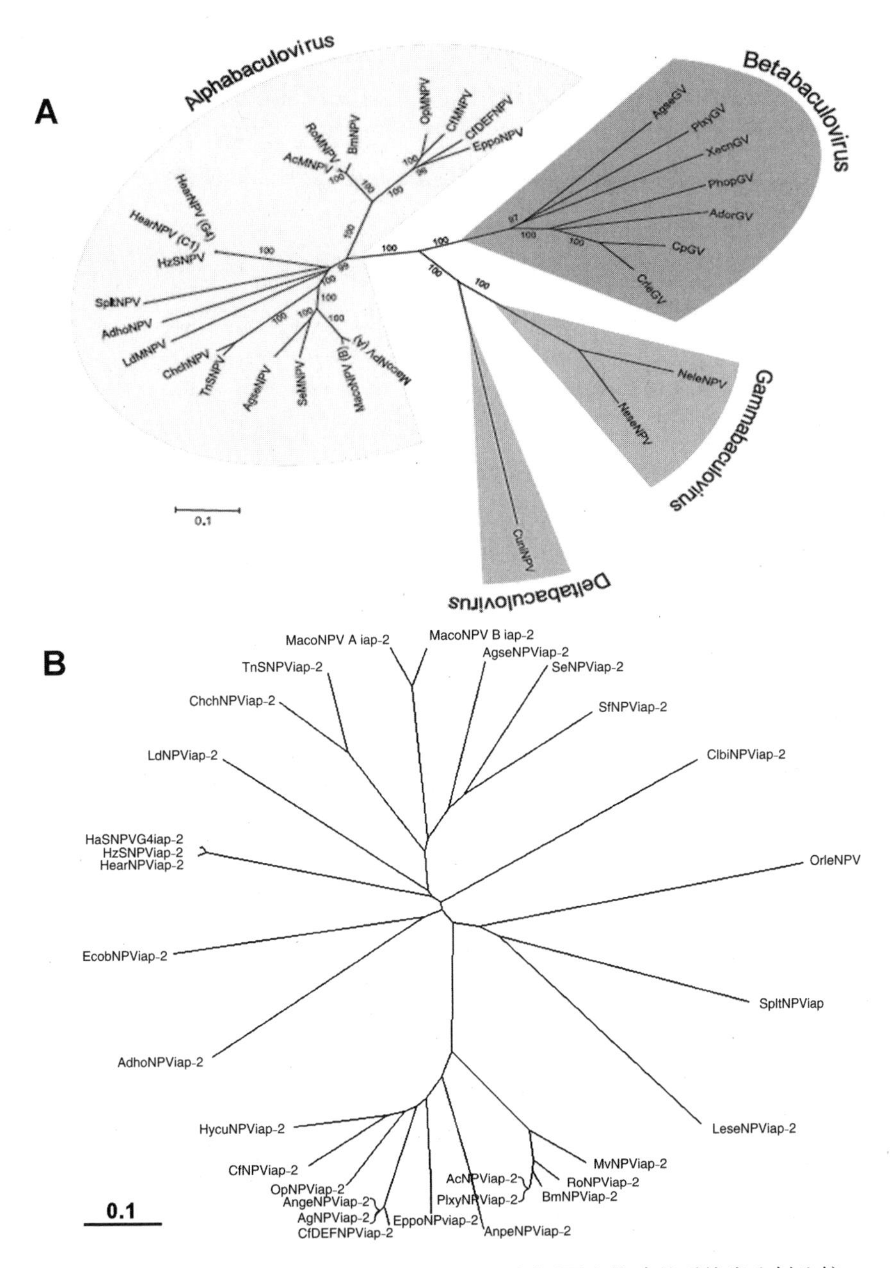

图 5 - 3　基于杆状病毒基因组与基于 IAP2 同源蛋白构建的系统发生树比较

Fig. 5 - 3　Comparative of phylogenetic trees based on baculovirus genomes and IAP2 homologs

(A) Neighbour-joining tree based on 29 baculovirus genomes (Jehle *et al.*, 2006)

(B) Most parsimonious tree based on 43 amino acid sequences of IAP homologs

将以上序列比对结果导入 Clustal W 软件用最大简约法并 bootstrap 100 次绘制出基因杆状病毒 *iap*2 单基因进化树，可以发现基于 IAP2 同源物的系统进化树与 Jehle 等（Jehle *et al.*, 2006）基于杆状病毒全基因组序列构建的系统发生树非常相近，亲缘关系相近的杆状病毒其 *iap*2 基因的同源性也较高。

5.3 讨论

在杆状病毒中含有两类抗凋亡基因，分别是 *p*35/*p*49 和 *iap*。在 43 个已测序的杆状病毒全基因组中有 6 个杆状病毒含有 P35 同源基因，它们是 RoNPV、AcMNPV、BmNPV、PlxyNPV、MvNPV 和 CuniNPV；有 3 个杆状病毒含有 P49 同源蛋白，分别是 ChocGV、SpltNPV 和 LeSeMNPV（表 5 - 2）；这些基因的同源性很高，且据目前对 *p*35/*p*49 功能的研究证明这些基因都具有抗凋亡功能（Kim *et al.*, 2007；Kamita *et al.*, 1992）。

细胞凋亡的发生机制在进化上是保守的，*iap* 广泛存在于真核生物基因组中，包括酵母、线虫、昆虫和哺乳动物。杆状病毒 *iap* 基因根据其同源性可分为五大类：*iap*1 至 *iap*5（Luque *et al.*, 2001e）。表 5 - 2 中显示杆状病毒亲缘关系相近的其所含的抗凋亡类型也相近，且在同类 *iap* 中 IAP 蛋白相似性高的其杆状病毒亲缘关系也相近，这说明 *iap* 基因与杆状病毒进化有着密切的关系，也可能发挥着重要作用。*iap*5 只特异地存在于 GV 属中，而 *iap*1 至 *iap*4 在 NPV 和 GV 属中都有发现。到目前为止，证据显示还有多个 *iap* 基因的杆状病毒其 *iap* 基因分别属于不同的类群，即同一类群内不含有多个基因，这表明不同类群 *iap* 在进化上是独立的，而不是相近基因的复制。许多杆状病毒 *iap* 基因包括 2 个 BIR 模序和一个 RING 模序，有一些基因明显被截短。有报道显示进化分析发现 NPV 属的祖先可能含有 *iap*1、*iap*2 和 *iap*3 基因，有些基因在不同后系中已经被丢失或截短。

一种杆状病毒往往含有几类 *iap* 基因，据目前研究往往只有一个起到抗凋亡作用（Clem & Miller, 1994；Ikeda *et al.*, 2004c），*iap* 的其他作用了解不多；对各个杆状病毒 *iap* 的研究有利于揭示其不同的作用，且同源性高的杆状病毒其 *iap* 的功能也可能相近。目前，*iap* 的功能研究结果表明 *iap*3 类中有许多有抗凋亡功能，包括最早发现的两个 *iap*（Op-*iap*3 和 Cp-*iap*3）（Birnbaum *et al.*, 1994；Crook *et al.*, 1993），还有 AgMNPV *iap*3（Carpes *et al.*, 2005）、HycuNPV *iap*3 等（Maguire *et al.*, 2000；Ikeda *et al.*, 2004c）。*iap*3 的序列比对结果也显示其非常接近于细胞来源的 *iap* 基因，包括已鉴定的 *S. frugiperda* 和 *T. ni*。

EppoNPV *iap*2 基因也被报道有抗凋亡功能。有些杆状病毒 *iap* 基因被报道能延迟凋亡如 SlNPV 的 *iap*4 和 EppoNPV *iap*1。而 CpGV *iap*5 能刺激 Cp-*iap*3 抑制凋亡能力。在哺乳动物中，有报道称 *iap* 与细胞骨架及细胞分裂相关，杆状病毒中 *iap* 此类功能的报道还没有。

5.4　小结

（1）根据网上搜索的已测序 43 株杆状病毒全基因组，总结出这些杆状病毒中的抗凋亡基因，并根据同源性分析将其分别归类总结如表 5－2。

（2）选取杆状病毒广泛含有富有代表性的 IAP2 蛋白进行了序列比对和系统进化分析，总结出亲缘关系相近的杆状病毒其所含基因亲缘关系也相近。

第 6 章　SpltNPV 感染诱导 Se301 细胞凋亡的检测与分析

斜纹夜蛾核多角体病毒（SpltNPV）和甜菜夜蛾核多角体病毒（SeMNPV）的全基因组已完成测序（Pang *et al.*, 2001；IJkel *et al.*, 1999），两者的基因组相似性程度高，经研究两者不能交叉感染各自宿主，SeMNPV 感染 SpLi-221 会引起细胞凋亡（Yanase *et al*, 1998），而 SpltNPV 感染 Se301 的研究还未见报道。

6.1　材料与方法

6.1.1　材料

1. 昆虫细胞与病毒

SeMNPV-SeUS1 引自美国加州大学河滨分校 B. A. Federici 教授实验室。甜菜夜蛾（*Spodoptera exigua*）细胞 Se301 由荷兰瓦格宁根大学 J. M. Vlak 教授惠赠。斜纹夜蛾（*Spodoptera litura*）细胞 SpLi-221 与 SpltNPV 病毒来源同第 2 章。

2. 供试昆虫

斜纹夜蛾、甜菜夜蛾幼虫由本实验室养虫室提供，为人工饲料饲养的健康幼虫。人工饲料配方见参考资料（庞义，1988；O'Reilly *et al.*, 1992），饲养温度为 27～28 ℃。

3. 试剂

DAPI（4',6-Diamidine-2'-phenylindole dihydrochloride）购自 Roche 公司，其他试剂同第 2 章。

4. 试剂盒

地高辛标记 Southern 杂交检测试剂盒 DIG Nucleic Acid Detection Kit 购自 Roche 公司，细胞总 DNA 提取试剂盒购自 Takara，其他试剂盒同第 2 章和第 3 章。

5. 培养基

同第 2 章。

6. 电泳缓冲液

同第 2 章。

7. 裂解缓冲液

同第 2 章。

8. 其他缓冲液

southern 杂交缓冲液：

参照地高辛 DNA 标记检测试剂盒操作手册。

去嘌呤液：0.25 mol/L HCl。

变性液：含 1.5 mol/L NaCl、0.5 mol/L NaOH，称取 87.66 g NaCl、20.0 g NaOH，定容于 1 000 mL ddH_2O 中。

中和液：含 1.0 mol/L Tris-Cl、1.5 mol/L NaCl，称取 121.14 g Tris 碱、87.66 g NaCl，调节 pH 至 7.5（约加浓 HCl 50 mL），加 ddH_2O 定容至 1 000 mL。

转印液（20×SSC）：含 3 mol/L NaCl、0.3 mol/L 柠檬酸钠（$Na_3C_6H_5O_7 \cdot 2H_2O$），称取 175.3 g NaCl、88.2 g 柠檬酸钠，溶解于 ddH_2O 中，调节 pH 至 7.0～7.2，定容至 1 000 mL，使用前需要 0.45 μm 滤膜过滤。

Maleic acid 液：0.1 mol/L maleic acid、0.15 mol/L NaCl，称取 11.6 g maleic acid 、8.76 g NaCl 和约 7 g NaOH 溶解于 ddH_2O 中，用 NaOH 调节 pH 至 7.5，定容至 1 000 mL。

封闭液（blocking solution，10×）：10 g 封闭粉（blocking reagent），用 maleic acid 液定容至 100 mL，−20 ℃保存。

预杂交液（100 mL）：按顺序加入 N-lauroylsarcosine 0.1 g、ddH_2O 4.8 mL、10% SDS 200 μL、20×SSC 25 mL、10×blocking reagent 20 mL，去离子的甲酰胺 50 mL。

杂交液：将 0.5～3 μg PCR 产物标记的探针 20 μL，经煮沸变性后，立即冷却，加入 20 mL 预杂交液，形成杂交液。

洗膜液：maleic acid 液中加入 3% Tween20（v/v）。

检测液（detection solution）：0.1 m Tris-Cl、0.1 mol/L NaCl、50 mmol/L $MgCl_2$，调节 pH 至 9.5。

显色液（color-substrate solution）：加 45 μL NBT-solution 和 35 μL X-phosphate solution 于 10 mL 检测液中。

其他同第 2 章。

6.1.2 方法

1. 病毒感染细胞电镜样品的制备及观察

用病毒 SpltNPV 以 MOI 为 1 感染 SpLi-221 细胞和 Se301 细胞，感染操作同第 2 章，于感染后 0、24、48、72、96 和 120 h 用细胞刮收集细胞，2 500 r/min 离心 5 min 收集细胞。

前固定：2.5% 戊二醛固定液固定细胞团 12 h。

漂洗：0.01 mol/L 磷酸盐缓冲液浸洗 3 次，每次 5 min。

后固定：1% 锇酸固定 2 h。

脱水：不同质量分数的酒精脱水，50%、70%、80%、90% 的酒精各 1 次，每次 5 min；100% 酒精 2 次，每次 5 min。

浸透：丙酮∶环氧树脂混合液 =1∶1、1∶3，各 30 min，纯环氧树脂混合液包埋剂在真空中进行浸透，需 4 h 以上。

包埋：以倒扣包埋法进行包埋。

聚合：室温放置 3 h 后，80 ℃恒温烤箱中放置 12 h。

切片：常规修块，超薄切片机切片。

染色：2% 醋酸双氧铀单染，10 min。

镜检：用 JEM-100CX 型电镜在加速电压 80 kV 下观察。

2. dot blotting

收取感染后细胞样品提取总 DNA 溶于 8 mmol/L NaOH，调整至终浓度 100 μg/mL，测定吸光度。每个样品取 10 μL，100 ℃煮 5 min，冰上迅速冷却。于 dot blotting 装置上点样转膜。方法参照 Bio-Dot SF Microfiltration Apparatus（Bio-Rad，Inc）操作手册。

（1）DNA 固定。

将结合有 DNA 的尼龙膜从装置中取出，在膜上标出对应凝胶上点样孔的位置。将膜在 2×SSC 中漂洗 5 min，用滤纸包好，80 ℃固定 2 h。

（2）探针制备和标记。

回收作为标记的模板 DNA，取 1 μg 该片段至 Eppendorf 管中，加入无菌双蒸水到 15 μL，在沸水中热变性 10 min，迅速置于冰/NaCl 或冰/乙醇中冷却。依次加 2 μL hexanucleotide mix、2 μL dNTP mixture、1 μL Klenow enzyme（试剂盒中）于冰浴的 EP 管中，快速离心混合。37 ℃反应大约 20 h，65 ℃加热 10 min 或加入 2 μL 0.2 MEDTA 终止反应。加入 2.5 μL 的 4 mol/L LiCl 和75 μL 预冷的乙醇，混匀后于 −70 ℃放置 30 min 或 −20 ℃放置 2 h，12 000 r/min，离心15 min，仔细移去上清，用 50 μL 70% 乙醇洗涤沉淀，风干的沉淀重新溶

于 50 μL TE 缓冲液中。

（3）地高辛杂交。

适量体积杂交液（20 mL/100 cm^2）于 42 ℃缓慢摇荡温育膜 30 min，即预杂交。倒掉预杂交液，加入包含探针的杂交液（将标记好的探针煮沸 5 min 使其变性，立即冷却，加到 42 ℃的杂交液中），42 ℃缓慢摇荡温育膜至少 6 h，低灵敏度可延长至 16 h。

（4）杂交后洗膜。

杂交后将膜置于 2 × SSC、0.1% SDS 中，37 ℃摇床缓慢摇荡 2 × 5 min，再置于 0.1 × SSC、0.1% SDS 溶液中 68 ℃摇床缓慢摇荡 2 × 15 min。

（5）检测和颜色反应。

该步骤均在 37 ℃摇床极低转速下进行。将膜浸于洗膜液中 3 min，置于 30 ～ 50 mL 封闭液（1 ×）中温浴 30 min。用封闭液（1 ×）将 anti-Dig-Ap conjugate（试剂盒中）按照 1∶10 000 比例稀释至 75 mU/mL，取 20 mL 该抗体溶液温浴膜 30 ～ 60 min。洗膜液洗膜 2 × 15 min 后，用 20 mL 检测液平衡膜 2 ～ 5 min，最后将膜置于新配显色底物溶液中，避光显色，勿摇。颜色反应达到预期的要求后，用水洗膜 5 min 以终止反应，将膜晾干，置于 -20 ℃保存。

3. DAPI 染色

将固体粉末用双蒸水稀释成终浓度 1 ～ 5 mg/mL 作为储存液；用甲醇稀释储存液至终浓度 1 μg/mL，工作液在 2 ～ 8 ℃可稳定保存 6 个月。具体操作步骤参见 Roche 公司产品说明书。简述如下：细胞培养至汇合度为 50% ～ 70%，吸除细胞培养基并用 DAPI - 甲醇工作液洗涤细胞 1 次，然后用 DAPI - 甲醇工作液覆盖细胞 37 ℃培育 15 min；吸去染色液用甲醇洗涤细胞 1 次后将细胞置于荧光显微镜下观察，使用 340 nm/380 nm 滤片。

4. 台盼蓝染色

用 0.4% 的 trypan blue 染液对细胞进行染色，大约 5 min 时间即可在光镜下观察。

5. DNA ladder

同第 3 章。

6. 用 SpltNPV 病毒感染细胞与病毒滴度测定

同第 2 章。

7. 在离体培养细胞中增殖病毒

同第 2 章。

8. 病毒的虫体增殖

同第 2 章。

9．病毒 DNA 纯化

同第 2 章。

10．病虫血淋巴制备

同第 2 章。

11．总 RNA 的提取及 Dnase 消化

按 Qiagene Rneasey Mini Kit 及 RNase-Free DNase Set 操作手册进行。

12．RT-PCR

本章所用引物序列见表 6－1，引物由上海英骏生物工程公司合成。

表 6－1　PCR 扩增所用引物

Table 6－1　PCR primers used for application

引物	序列（5'-3'）	产物大小/bp
Splt-ie01	TGGAGAAGATGAGAGTGTAGTT	458
Splt-ie02	GATTGTGAGGCGTGTTGGAAAA	
Splt-dna polymerase1	TGCTTCTACTACACCACTC	848
Splt- dna polymerase2	TACACACATCTTTCTCGGC	
Splt-chitnase1	GACTGCTGGGTATTTGATT	612
Splt-chitnase2	ACGGGTTAGTGTTGTGTGT	

方法同第 2 章。

引物序列见表 6－1。其中引物对 Splt-ie01、Splt-ie02 用于检测极早期基因 *Splt-ie0* 的转录本；引物对 Splt-dna polymerase1、Splt-dna polymerase2 用于检测早期基因 *Splt-dna polymerase* 的转录本，引物对 Splt-chitnase1、Splt-chintnase2 用于检测晚期基因 *Splt-chitnase* 的转录本，以不加入 RNase 的 RNA 为模板进行 PCR 扩增，以检测模板是否存在 DNA 污染。

13．SDS-聚丙烯酰胺凝胶电泳（SDS-PAGE）

同第 2 章。

14．western blotting

同第 2 章。

6.2　结果与分析

6.2.1　光学显微镜观察 SpltNPV 感染 Se301 细胞的形态学变化

SpltNPV 按照 MOI = 1 的感染复数感染 Se301 细胞，感染后每天在光学显微镜下观察细胞的病理变化，如图 6 - 1 所示。正常 Se301 细胞形态为长形梭状；SeMNPV 感染 Se301 细胞后细胞出现典型的感染症状，如细胞变圆；后期细胞中能观察到大量多角体。SpltNPV 感染 Se301 细胞光镜观察结果显示，在感染后 24 ～120 h 期间细胞出现了明显的病理现象，且随着时间的延长病理症状越来越严重，在 24 ～48 h 时出现了少量的凋亡小体，空泡细胞，到 96 ～120 h 时凋亡小体没有增加且有些被细胞吞噬，空泡细胞明显增多，并出现大量的细胞聚集现象，但并没有观察到病毒多角体的形成。

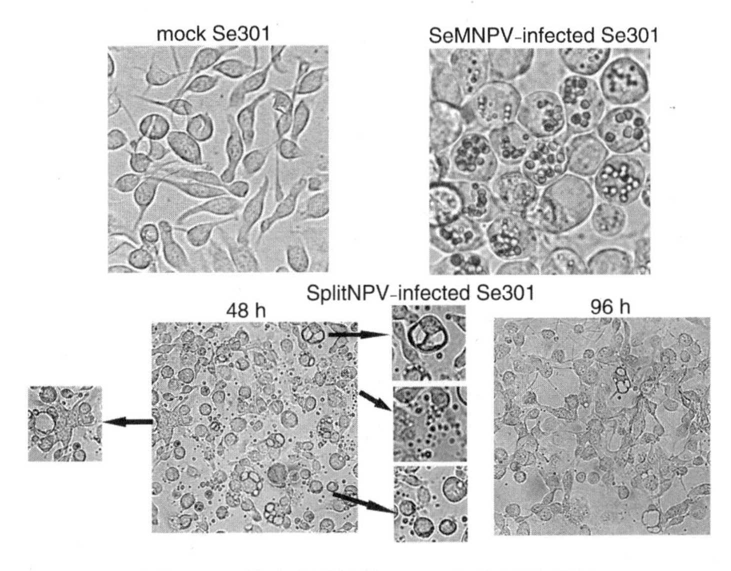

图 6 - 1　被病毒感染的 Se301 细胞显微观察

Fig. 6 - 1　Light micrographs of Se301 cells infected

Viruses used for infection were indicated above

6.2.2　电子显微镜观察 SpltNPV 感染 Se301 细胞的形态学变化

光镜观察显示感染细胞除产生少量凋亡小体外大部分细胞出现空泡和细胞

聚集现象，为了更清楚准确地观察细胞内发生了什么病理变化，这些空泡细胞内到底有没有 DNA 存在，融合在一起的细胞是什么状态，我们收取 SpltNPV 感染 Se301 细胞后 24、48、72、96、120 h 样品进行电镜观察，结果如图 6－2 表明：正常 Se301 细胞成长椭圆形单个存在，具有完整的细胞膜和核膜，细胞质均匀分布，且有完整的细胞器；细胞核内染色质分布均匀。SeMNPV 感染 Se301 细胞 72 h 电镜观察整个细胞变成圆形，细胞质还是均匀分布，但细胞核膨大，病毒在核中央形成了病毒发生基质，再放大数倍后可观察到细胞核内有许多正在包装和已经包装好的病毒粒子。SpltNPV 感染 Se301 细胞光镜观察显示：从感染后 24～120 h 均能观察到细胞病理现象，且晚期更剧烈、数量更多。有一些细胞变圆细胞核膜完整且细胞核完好，但细胞质中出现了许多空泡；有一些细胞的细胞质完全被泡状化且细胞核内染色质被高度浓缩凝聚并附于核膜周边，此为细胞的早期凋亡特征；还有些细胞只能看见细胞核膜包裹着高度凝聚的染色质，观察不到细胞膜和细胞质，在两个细胞间无清晰界限，只有许多空泡存在。以上结果可被判断为早期凋亡症状，并没有最终进行至细胞凋亡晚期出现凋亡小体。

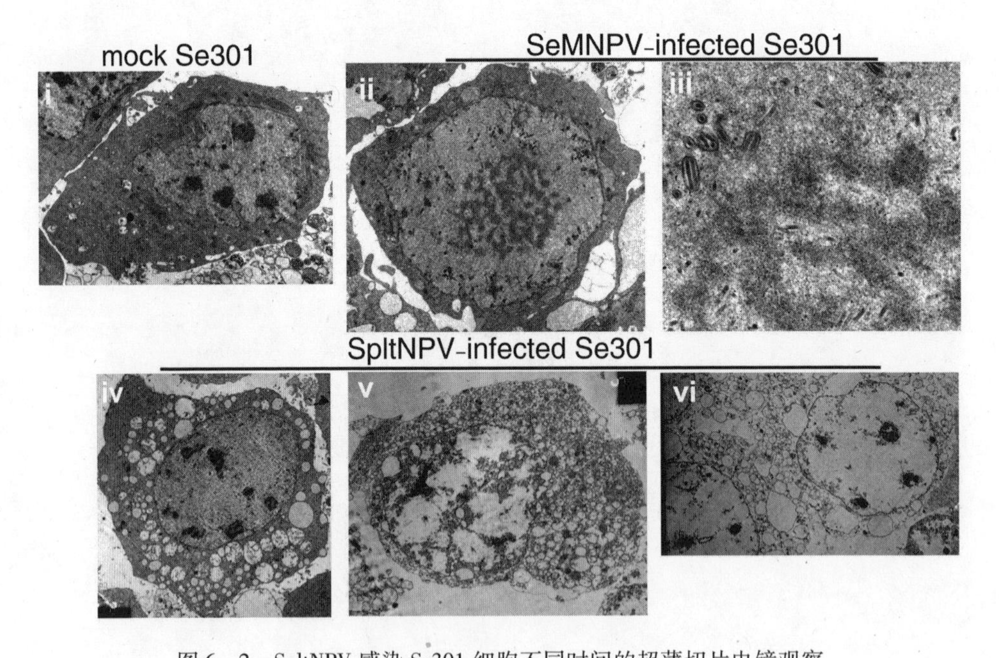

图 6－2　SpltNPV 感染 Se301 细胞不同时间的超薄切片电镜观察

Fig. 6－2　Electron micrographs of ultrathin sections of Se301 cells infected with SpltNPV

Viruses used for infection were indicated above

6.2.3　DAPI染色

电镜结果显示细胞出现了早期凋亡特征，为了更直观地观察细胞DNA的变化，我们用DAPI对SpltNPV感染Se301细胞进行染色。DAPI即4’，6－二脒基－2－苯基吲哚（4’,6-diamidino-2-phenylindole），是一种能够透过完整细胞膜、快速进入活细胞中与DNA强力结合的荧光染料，可以用于活细胞和固定细胞的染色，并常被用于凋亡的检测。DAPI染剂能被紫外光激发，在荧光显微镜下观察为蓝色，DAPI也可以和RNA结合，但产生的荧光强度不及与DNA结合的强。

SpltNPV以MOI＝1感染Se301细胞不同时相进行DAPI染色荧光显微镜观察，结果如图6－3显示：正常Se301细胞由于细胞核内细胞质分布均匀，DAPI染色后细胞核呈现为明亮而均匀的圆形；而被感染的Se301细胞从感染后24～120 h出现了明显的不同，例如有些细胞染色质分布不均，高度凝聚成不规则形状如月牙形，并集中在细胞核边缘；有些细胞的细胞核染色荧光强度很弱，形状也不规则；还有些细胞中的DNA已经断裂，染色后呈现为许多个荧光小点并集中在核边缘上。细胞至感染后期也无太大改变且未见有大量凋亡小体产生。以上结果说明细胞出现了凋亡早期特征，细胞核内细胞质首先凝聚集

mock Se301

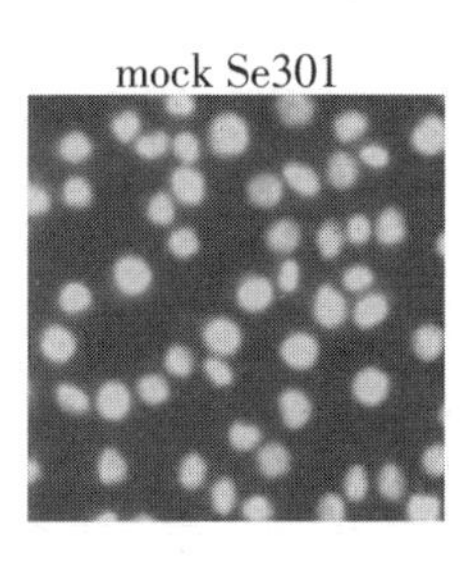

SpltNPV-infected Se301

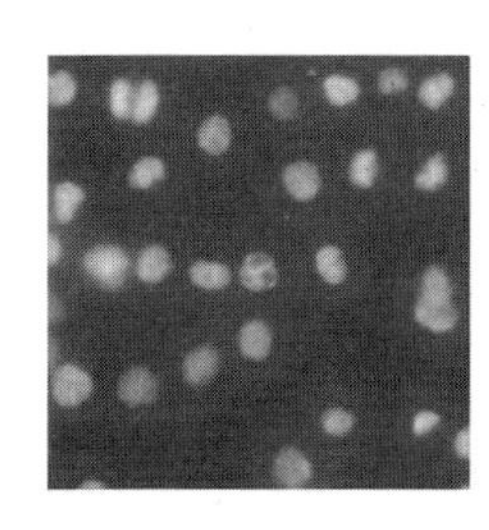

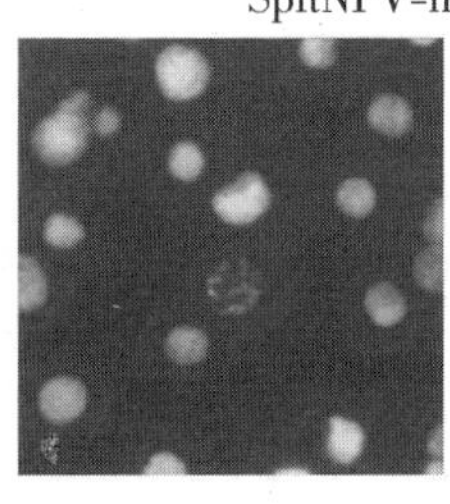

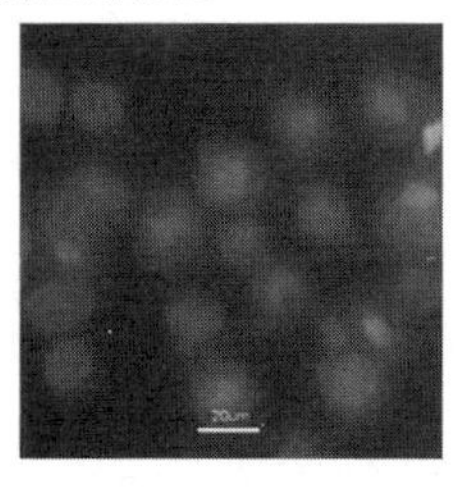

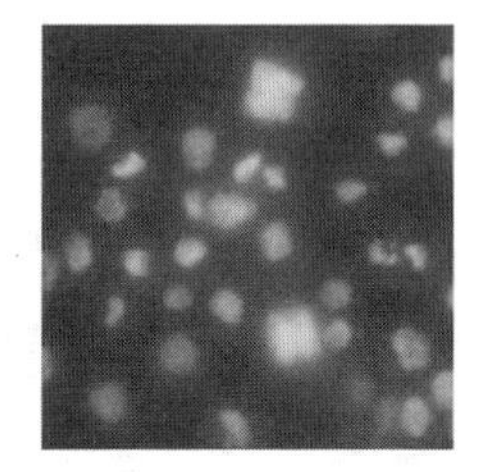

图6－3　被感染的Se301细胞DAPI染色光学显微镜观察

Fig. 6－3　Micrographes of Se301 Stained by DAPI

Viruses used for infection were indicated above

中至细胞核膜边缘然后断裂，这些结果与电镜观察结果一致，都说明细胞出现了凋亡的早期现象而未进行至晚期出现凋亡小体。

6.2.4 台盼蓝（trypan blue）染色

在光镜中我们观察到细胞被感染后许多细胞聚集成团，细胞间没有清晰的界线，且这些细胞看似细胞膜已破裂，为了直接准确地观测到细胞膜是否完整，我们选取 trypan blue 对细胞进行染色。trypan blue 是细胞活性染料，常用于检测细胞膜的完整性。正常的活细胞由于细胞膜结构完整，能够排斥台盼蓝，使之不能够进入胞内；而丧失活性或细胞膜不完整的细胞，胞膜的通透性增加，可被 trypan blue 染成蓝色。通常认为细胞膜完整性丧失，即可认为细胞已经死亡。trypan blue 染色常被用做鉴定死活细胞。

SpltNPV 感染 Se301 细胞不同时相进行 trypan blue 染色，光镜观察结果显示：与正常 Se301 细胞相比较，被感染的 Se301 细胞中被 trypan blue 染色细胞数并未有明显增加，表明细胞膜的通透性没有什么变化，大部分细胞还属于活细胞，并没有死亡。

6.2.5 DNA ladder

细胞凋亡的另一个特征是细胞中的 DNA 会被剪切成 200 bp 大小的片段，电泳结果显示为梯状条带，这属于凋亡晚期事件但比出现凋亡小体极晚期事件早。目前虽然已可确定细胞进入了凋亡早期阶段，但需进一步确定细胞处于凋亡的具体情况，为了鉴定细胞凋亡进程是否进行至了 DNA ladder 阶段，我们收取 SpltNPV 感染 Se301 细胞 24、48 和 72 h 的细胞样品，提取其细胞总 DNA 进行电泳。实验结果如图 6－4 显示：阳性对照 ActD 处理的Sf9细胞能观察到有明显的梯状条带，SpltNPV 感染 Se301 细胞 24、48 和 72 h 样品与正常 Se301 细胞及 SeMNPV 感染 Se301 细胞 72 h 样品都没有出现典型的 200 bp DNA 梯度条带。这些结果说明 SpltNPV 感染 Se301 细胞从 24 h 至 72 h 都未进行至 DNA 梯度条带的凋亡晚期阶段。

6.2.6 滴度测定

SpltNPV 感染 Se301 细胞在显微镜下观察细胞一直维持着早期凋亡特征，没有再往下进行下去，病毒既然阻止了细胞的凋亡，但光镜下一直都观察不到细胞中有多角体产生，说明细胞的这种早期凋亡状态对于病毒的感染及子代病毒的产生具有严重的影响。为了了解病毒在细胞中的感染事件被停止在哪个阶

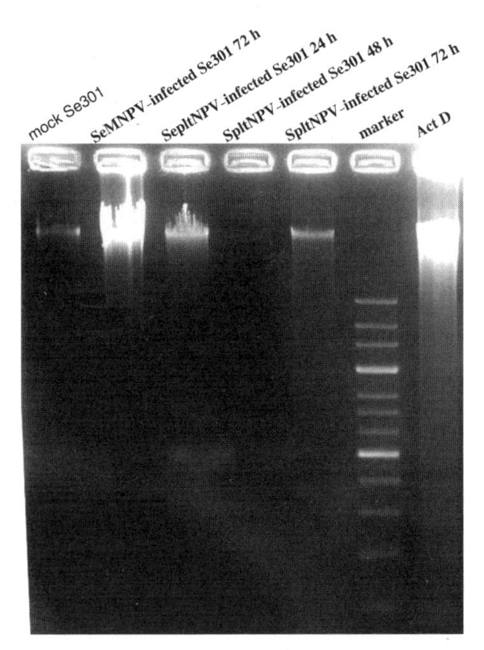

图 6 - 4　Se301 细胞提取 DNA 片段的琼脂糖凝胶电泳分析

Fig. 6 - 4　Agarose gel electrophoresis of oligonucleosomal laddering isolated from Se301 cells

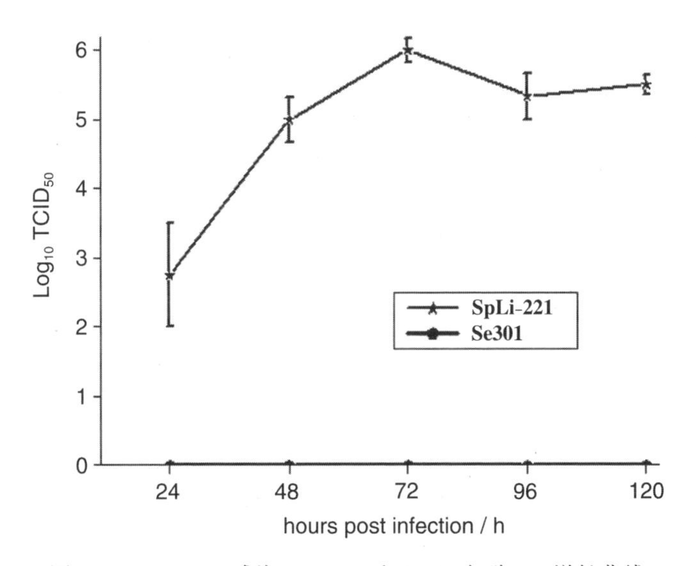

图 6 - 5　SpltNPV 感染 SpLi-221 和 Se301 细胞 BV 增长曲线

Fig. 6 - 5　The BV replicative curves generated from an infection of SpltNPV in Se301 or SpLi-221 cells

段，我们采取了一些鉴定方法，首先我们检测病毒的 $TCID_{50}$一步生长曲线看看病毒在细胞中是否产生了 BV 形式的子代病毒。收取 SpltNPV 感染 Se301 细胞不同时间 24、48、72、96、120 h 的细胞上清，同时也收取 SpltNPV 感染 SpLi-221 细胞不同时间 24、48、72、96、120 h 的细胞上清作为阳性对照，用 SpLi-221 细胞测定 SpltNPV 的滴度。实验结果显示：SpltNPV 感染 SpLi221 细胞后病毒产生了大量有感染性的子代病毒，且感染后 72 小时达到最大值；SpltNPV 感染 Se301 细胞的任何时间段的细胞上清感染 SpLi-221 细胞都没有多角体出现，说明没有感染性的 BV 产生。(图 6－5)

6.2.7 dot blotting

病毒感染细胞需经过几个阶段：首先病毒早期基因表达，其次病毒进行复制，最后病毒晚期基因表达。SpltNPV 感染 Se301 细胞没有产生有感染性的子代病毒，为了检测病毒是否进行了复制，采取 dot blotting 方法进行鉴定。正常 Se301 样品为阴性对照；SpltNPV 感染 SpLi-221 细胞最为阳性对照，收取感染后 0、6、12、24、48、72 h 样品；同样收取 SpltNPV 感染 Se301 细胞感染后 0、6、12、24、48、72 h 样品。杂交探针为 DIG 标记的病毒 polyhedrin 基因（polyhedrin-dig)，标准样品为 polyhedrin 的 PCR 产物。检测结果显示：阳性对照样品 SpltNPV 感染 SpLi-221 细胞在感染后 12 h 能检测到有病毒复制，且随着时间的延长病毒量越来越多；SpltNPV 感染 Se301 细胞后病毒复制没有延迟其开

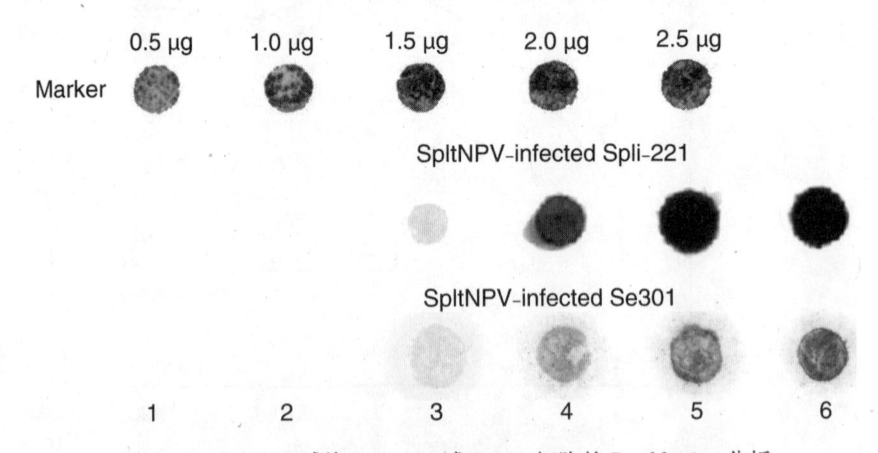

图 6－6 SpltNPV 感染 SpLi-221 或 Se301 细胞的 Dot blotting 分析

Fig. 6－6 Dot blotting analysis of the infection of SpLi-221 cells or Se301 with SpltNPV

Numbers above photograph indicate different the time points p. i.

(0、6、12、24、48、72 h)

始时间也为 12 h，但病毒复制的量明显少于 SpltNPV 感染 SpLi-221 的复制量，此结果说明 SpltNPV 感染 Se301 后进行了病毒的复制但复制速度受到一定影响。（图 6 – 6）

6. 2. 8　RT-PCR

SpltNPV 病毒在 Se301 细胞进行了病毒的复制，可以推测病毒的早期基因应该进行了转录表达，下一步需了解病毒的晚期基因是否得到了转录及表达，进一步验证早期基因是否得到了转录和表达，现采取 RT-PCR 分析病毒在 Se301 细胞中的基因转录情况。设计 3 对引物以 SpltNPV 基因组为模板 PCR 方法鉴定引物是否正确，如图 6 – 7 所示，结果显示 3 对引物都能扩增出相应大小的条带，说明设计引物无误。

了解这点之后需进一步确定 SpltNPV 病毒在 Se301 细胞中是否转录及各基因的转录时间与 SpltNPV 病毒在受纳细胞 SpLi-221 细胞中的转录时间是否是一致的。病毒基因的转录分为极早期、早期、晚期和极晚期。极早期基因在感染

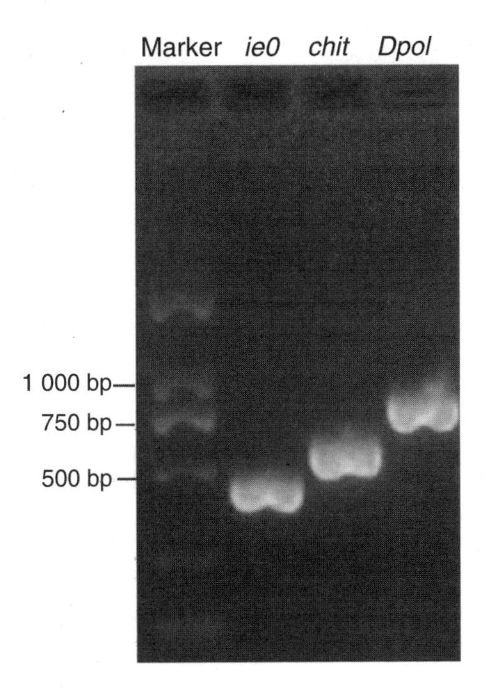

图 6 – 7　*ie0*、*chitnase*、*DNA polymerase* 基因的 PCR 扩增产物

Fig. 6 – 7　PCR amplification of *ie0*, *chitnase*, *DNA polymerase*

M, DNA molecular weight marker（DL2000）

后1 h就能检测到转录，感染后6 h之前转录的基因为早期基因，而感染后6 h之后转录的基因为晚期基因，且感染后12 h之后转录的基因为极晚期基因。收取SpltNPV感染Se301细胞感染后0、1、4、6、8、12、24、48 h样品检测以上3个基因的转录时相，结果如图6－8显示：SpltNPV感染Se301细胞*ie0*、*chitnase*、*DNA polymerase*基因的转录时相与SpltNPV感染SpLi-221细胞的转录时相基本一致，只是极早期基因*ie0*至晚期也有转录。(图6－8)

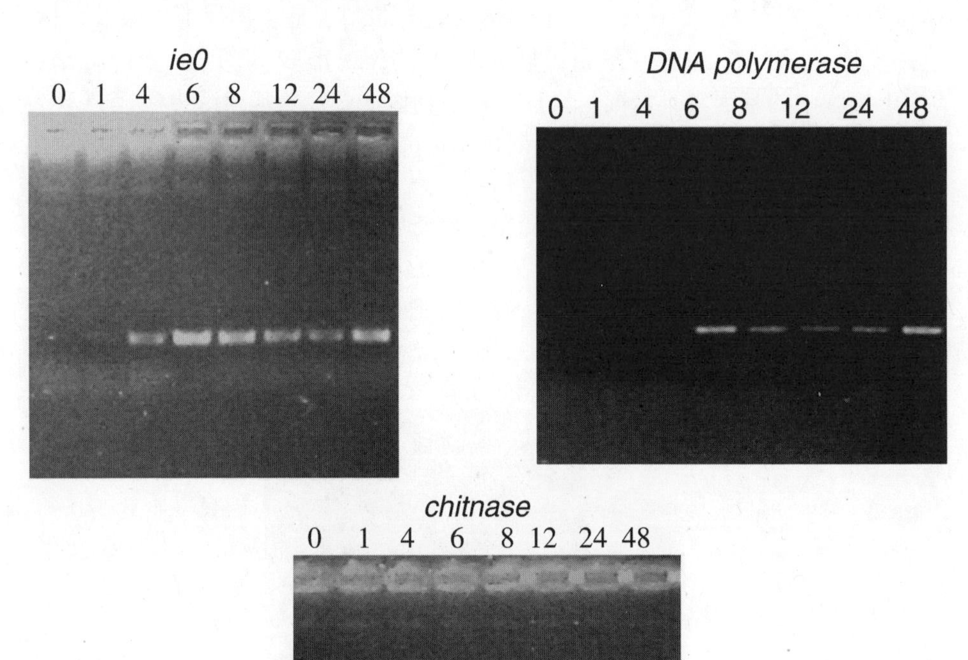

图6－8　RT-PCR分析*ie0*、*chitnase*、*DNA polymerase*基因的转录

Fig. 6－8　RT-PCR analysis of the transcription of *ie0*, *chitnase*, *DNA polymerase* genes at time points post infection (p. i.)

Numbers above photograph indicate different the time points p. i.

6.2.9　SDS-PAGE 和 western blotting 分析

SpltNPV 感染 Se301 细胞后病毒的所有基因都得到了转录，病毒蛋白的表达情况如何是需要下一步了解的。采取 SDS-PAGE 和 western blotting 分析检测病毒感染 Se301 细胞后其蛋白的表达情况。SDS-PAGE 结果如图 6－9 所示：SpltNPV 感染 SpLi-221 细胞 72 h 样品中很明显有一条 29.7 kDa 的 polyhedrin 条带，而正常的 Se301 细胞和 SpltNPV 感染 Se301 细胞 48 h 样品中没有此条带；且从正常的 Se301 细胞和 SpltNPV 感染 Se301 细胞 48 h 样品的总蛋白带型中观察不到明显的区别。用极晚期基因 *polyhedrin* 的多克隆抗体对 SpltNPV 感染 Se301 细胞 24、48、72 h 样品进行 western blotting 分析，结果如图 6－10 表明细胞被感染 24、48、72 h 极晚期基因 *polyhedrin* 没有表达。

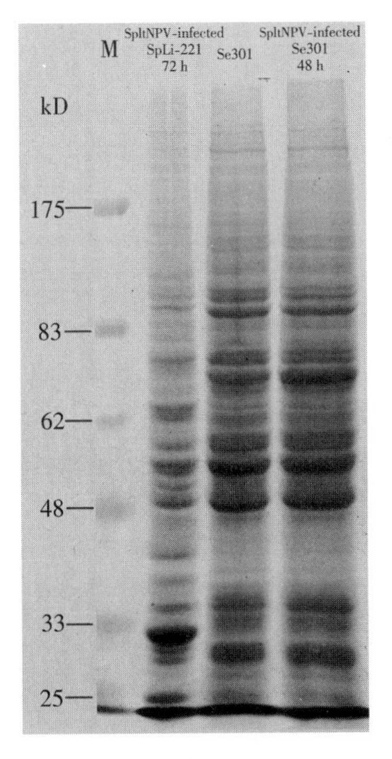

图 6－9　SpltNPV 感染 Se301 细胞 SDS-PAGE 分析

Fig. 6－9　SDS-PAGE analysis of the Se301 cells infected by SpltNPV

M：marker

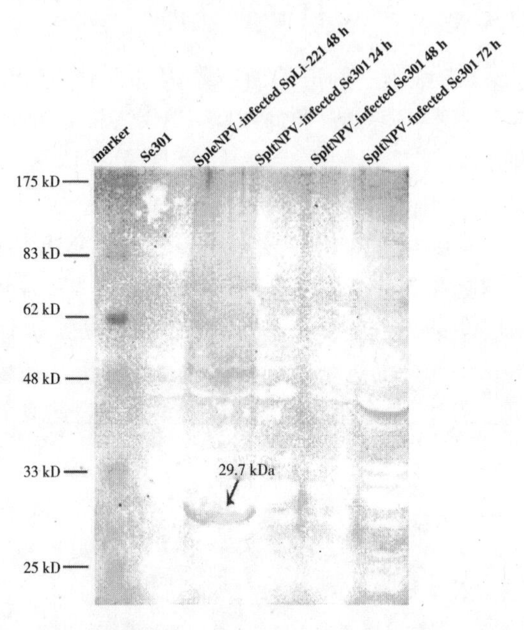

图 6 – 10　SpltNPV 感染 Se301 细胞 *polyhedrin* 基因 western blotting 分析

Fig. 6 – 10　Western blotting analysis of *polyhedrin* gene in the Se301 cells infected by SpltNPV

6.3　讨论

甜菜夜蛾核多角体病毒（SeMNPV）和斜纹夜蛾核多角体病毒（SpltNPV）基因组相似性很高（Pang *et al.*, 2001；IJkel *et al.*, 1999），但两者的病毒并不能互相感染各自的宿主，其原因不明。本章对 SpltNPV 感染离体细胞 Se301 的现象进行了阐述，并对其感染失败的原因进行了初步研究。根据本章研究结果，推测感染失败的原因可能是 SpltNPV 感染引起了 Se301 细胞的凋亡，从而阻止了病毒的感染进程。SpltNPV 感染离体细胞 Se301 完全不能复制出子代病毒，即可称 Se301 细胞为 SpltNPV 的非受纳细胞（nonpermissive cell）而且如以前研究所说非受纳细胞被病毒攻击后诱发了细胞凋亡（apoptosis），从而导致病毒感染失败（Miller, 1997）。先前就有关于杆状病毒诱导细胞凋亡从而导致病毒感染失败的报道（Miller, 1997），如野生型 AcMNPV 诱导的 SL2（Gershburg *et al*, 1997）和 CF-203 细胞（Palli *et al.*, 1996）、BmNPV *p*35 突变株诱导的 Bm 细胞（Kamita *et al*, 1993）、SeMNPV 诱导的 S. littoralis 细胞（Yanase *et al.*, 1998a）、HycuNPV 诱导的 Ld652Y 细胞（Ishikawa et al, 2003），以及 HaSNPV 诱导的 Hi5 细胞（Dai *et al.*, 1999）均发生典型的细胞凋亡；但像本研究中所出现的停滞在凋亡早期现象还未见报道。

根据凋亡形态学的特征，本研究中的现象除一些与早期凋亡一致外还有一些与凋亡特征不符，如细胞聚集融合在一起。典型的凋亡早期细胞由于受死亡信号刺激出现细胞膜卷曲皱缩，表面微绒毛消失，连接消失，与周围的细胞脱离等症状，而我们所观察到的现象却是几个细胞簇集在一起分不清细胞边界；由于正常的 Se301 细胞被感染后早期会出现细胞聚集现象，病毒产生子代病毒后又会自行分开，所以可推测以上观察现象为早期凋亡和病毒感染细胞双重影响的结果。

杆状病毒的感染周期主要包括：进入细胞、早期基因表达、晚期基因表达、极晚期基因表达、DNA 的复制、BV 的组装和释放、核多角体蛋白包含体（PIB）的形成。对于任何一种病毒来说，它进入宿主细胞和组织的能力和它在里面复制并释放有感染活性病毒的能力决定着这种病毒的宿主范围。

SpltNPV 感染 Se301 细胞后在早期 24 h 时有极少数细胞产生了凋亡小体，推测可能是病毒 BV 在病毒表面的糖蛋白 GP64 或其同源蛋白 LD130 参与下通过包内吞作用进入细胞（Pearson & Rohrmann, 2002）后，其早期事件如早期基因的表达诱导了细胞凋亡。有研究已证实杆状病毒诱导的凋亡可由感染早期的事件所引起（LaCount & Friesen, 1997）。ie1 是病毒感染的极早期基因，先前研究表明它能引起由 AcMNPV 诱导的Sf21细胞凋亡（Prikhod'ko & Miller, 1996）。

本研究中被 SpltNPV 感染的 Se301 细胞绝大部分只出现了早期凋亡并停滞在这个阶段，没有进行至晚期出现凋亡小体。推测病毒进入细胞后虽然病毒的早期事件引起了细胞凋亡的开启，可能病毒的抗凋亡基因 *Splt-iap*4 或 *Splt-p*49 得到了表达且具有抗凋亡功能，从而阻止了细胞凋亡的进程。早期基因表达后病毒借此机会进行了自身的复制和转录。DNA 复制后病毒随即进行晚期或极晚期基因表达（Thiem & Miller, 1989）。由于某种未知原因，病毒晚期基因的表达受到抑制以致病毒不能完成 BV 的装配和产生子代病毒，所以在实验中我们观察到了以上的现象。

6.4 小结

（1）SpltNPV 以 MOI = 1 感染 Se301 细胞，通过光镜观察和电镜观察表明被感染 Se301 细胞从 24 h 直至 120 h 都出现了早期凋亡症状，但并没有进行至晚期形成凋亡小体，DAPI 染色结果也证明了这一点。

（2）点杂交、RT-PCR 和 western blotting 等结果显示，SpltNPV 感染 Se301 细胞后，病毒没有进行所有基因的转录及病毒的复制，但没有极晚期基因的表达。

（3）光镜观察和 $TCID_{50}$结果表明 SpltNPV 感染 Se301 最终不能产生可感染性的 BV 和 ODV，病毒感染受阻。

总　　结

（1）RT-PCR 和 western blotting 研究表明 *Splt-iap*4 和 *Splt-p*49 两基因都属于早期基因，*Splt-iap*4 从感染后 3 h 能检测到转录本，*Splt-p*49 从感染后 5 h 能检测到转录本，两基因都在感染后 12 h 能检测到蛋白表达。

（2）通过 RNAi 抑制 *Splt-iap*4 和 *Splt-p*49 两基因，结果表明在 SpltNPV 感染 SpLi-221 细胞时，*Splt-p*49 是抑制细胞凋亡所必需的，而 *Splt-iap*4 没有抗凋亡功能，但 *Splt-iap*4 的抑制能阻止被感染细胞的聚集。

（3）瞬时表达 *Splt-iap*4 和 *Splt-p*49 两基因实验结果显示，Splt-P49 能挽救缺失 *p*35 基因的 AcMNPV 突变株 vAcAnh 感染诱导的Sf9细胞凋亡，并能恢复病毒的复制而产生多角体；但 Splt-IAP4 不能挽救 vAcAnh 感染诱导的Sf9细胞凋亡。

（4）下载已测序的 43 株杆状病毒全基因组，并总结出这些杆状病毒中的抗凋亡基因根据同源性分析将其分别归类总结如表 5－1 所示。

（5）SpltNPV 感染 Se301 细胞，光学显微镜观察和电子显微镜观察表明被感染 Se301 细胞从 24 h 直至 120 h 都出现了早期凋亡症状，但并没有进行至晚期形成凋亡小体。

（6）SpltNPV 感染 Se301 细胞病毒最终不能产生感染性的 BV 和 ODV，病毒感染受阻；病毒完成了 DNA 复制以及病毒的转录进行至晚期基因，但没有极晚期基因的表达，说明早期细胞凋亡仍然是限制病毒完成复制周期的一个重要因素。

参 考 文 献

[1] 代小江，庞义，农广，等. 杆状病毒 *gp*64 基因可能是细胞凋亡诱导因子 [J]. 中山大学学报：自然科学版，1998，37：7－12.

[2] 李广宏，陈其津，庞义. 甜菜夜蛾人工饲料的研究 [J]. 中山大学学报：自然科学版，1998，4：1－5.

[3] 李镇，龙紫新，张余光，等. SpltNPV *p*49 基因的克隆和序列分析 [J]. 中山大学学报：自然科学版，2000，39：73－76.

[4] 裴子飞，齐义鹏，刘映乐，等. 海灰翅夜蛾核型多角体病毒 P49 蛋白的表达及其抑制细胞凋亡的机制 [J]. 科学通报，2001，46（21）：1786－1790.

[5] 施先宗，王珣章，龙紫新，等. 粉纹夜蛾核型多角体病毒 *p*35 基因功能的研究 [J]. 病毒学报，1999，15（1）：78－83.

[6] 王业富，齐义鹏，李志达，等. 棉铃虫核型多角体病毒 *p*35 基因的 PCR 扩增和克隆及其在原核细胞中的表达 [J]. 病毒学报，1999，15：252－259.

[7] 张萍，杨凯，代小江，等. SpltNPV 抑制 AcMNPV 诱导的斜纹夜蛾细胞凋亡 [J]. 生物化学与生物物理进展，2002，29（5）：702－706

[8] Afonso C L, Tulman E R, Lu Z, et al. Genome sequence of a baculovirus pathogenic for Culex nigripalpus [J]. J Virol, 2001, 75: 11157－11165.

[9] Ahmad M, Srinivasula S M, Wang L, et al. *Spodoptera frugiperda* caspase-1, a novel insect death protease that cleaves the nuclear immunophilin FKBP46, is the target of the baculovirus antiapoptotic protein P35 [J]. J Biol Chem, 1997, 272: 1421－1424.

[10] Ahrens C H, Russell R L, Funk C J, et al. The sequence of the *Orgyia pseudotsugata* multinucleocapsid nuclear polyhedrosis virus genome [J]. Virology, 1997, 229: 381－399.

[11] Alnemri E S, Livingston D J, Nicholson D W, et al. Human ICE/CED-3 protease nomenclature [J]. Cell, 1996, 87: 171.

[12] Ayres M D, Howard S C, Kuzio J, et al. The complete DNA sequence of *Autographa californica* nuclear polyhedrosis virus [J]. Virology, 1994, 202:

586 - 605.

[13] Bernstein E, Caudy A A, Hammond S M, et al. Role for a bidentate ribonuclease in the initiation step of RNA interference [J]. Nature, 2001, 409: 363 - 366.

[14] Bertin J, Mendrysa S M, La Count D J, et al. Apoptotic suppression by baculovirus P35 involves cleavage by and inhibition of a virus-induced CED-3/ICE-like protease [J]. J Virol, 1996, 70: 6251 - 6259.

[15] Birnbaum M J, Clem R J, Miller L K. An apoptosis-inhibiting gene from a nuclear polyhedrosis virus encoding a polypeptide with Cys/His sequence motifs [J]. J Virol, 1994, 68: 2521 - 2528.

[16] Blissard G W, Black B, Crook N, et al. In virus taxonomy: seventh report of the international commitee on taxonomy of viruses [J]. Family Baculoviridae, 2000: 195 - 202.

[17] Bonning B C, Hammock B D. Development and potential of genetically engineered viral insecticides [J]. Biotechnol Genet Eng Rev, 1992, 10: 455 - 489.

[18] Borden K L. RING domains: master builders of molecular scaffolds? [J]. J Mol Biol, 2000, 295: 1103 - 1112.

[19] Borden K L, Freemont P S. The RING finger domain: a recent example of a sequence-structure family [J]. Curr Opin Struct Biol, 1996, 6: 395 - 401.

[20] Bosher J M, Labouesse M. RNA interference: genetic wand and genetic watchdog [J]. Nat Cell Biol, 2000, 2LE31-E36.

[21] Bradford M B, Blissard G W, Rohrmann G F, et al. Characterization of the infection cycle of the *Orgyia pseudotsugata* multicapsid nuclear polyhedrosis virus in Lymantria dispar cells [J]. J Gen Virol, 1990, 71: 2841 - 2846.

[22] Bump N J, Hackett M, Hugunin M, et al. Inhibition of ICE family proteases by baculovirus antiapoptotic protein P35 [J]. Science, 1995, 269: 1885 - 1888.

[23] Chai J, Shiozaki E, Srinivasula S M, et al. Structural basis of caspase-7 inhibition by XIAP [J]. Cell, 2001, 104: 769 - 780.

[24] Chantalat L, Skoufias D A, Kleman J P, et al. Crystal structure of human survivin reveals a bow tie-shaped dimer with two unusual alpha-helical extensions [J]. Mol Cell, 2000, 6: 183 - 189.

[25] Chejanovsky N, Gershburg E. The wild-type *Autographa californica* nuclear polyhedrosis virus induces apoptosis of *Spodoptera littoralis* cells [J]. Virology, 1995, 209: 519-525.

[26] Chen C J, Quentin M E, Brennan L A, et al. *Lymantria dispar* nucleopolyhedrovirus hrf-1 expands the larval host range of *Autographa californica* nucleopolyhedrovirus [J]. J Virol, 1998, 72: 2526-2531.

[27] Chen X, IJkel W F, Tarchini R, et al. The sequence of the *Helicoverpa armigera* single nucleocapsid nucleopolyhedrovirus genome [J]. J Gen Virol, 2001, 82: 241-257.

[28] Chen X, Zhang W J, Wong J, et al. Comparative analysis of the complete genome sequences of *Helicoverpa zea* and *Helicoverpa armigera* single-nucleocapsid nucleopolyhedroviruses [J]. J Gen Virol, 2002, 83: 673-684.

[29] Clarke T E, Clem R J. In vivo induction of apoptosis correlating with reduced infectivity during baculovirus infection [J]. J Virol, 2003, 77: 2227-2232.

[30] Clem R J. Baculoviruses and apoptosis: the good, the bad, and the ugly [J]. Cell Death Differ, 2001, 8: 137-143.

[31] Clem R J. Baculoviruses and apoptosis: a diversity of genes and responses (2007). Curr Drug Targets, 2007, 8: 1069-1074.

[32] Clem R J, Fechheimer M, Miller L K. Prevention of apoptosis by a baculovirus gene during infection of insect cells [J]. Science, 1991, 254: 1388-1390.

[33] Clem R J, Miller L K. Apoptosis reduces both the in vitro replication and the in vivo infectivity of a baculovirus [J]. J Virol, 1993, 67: 3730-3738.

[34] Clem R J, Miller L K. Control of programmed cell death by the baculovirus genes *p*35 and iap [J]. Mol Cell Biol, 1994, 14: 5212-5222.

[35] Clem R J, Robson M, Miller L K. Influence of infection route on the infectivity of baculovirus mutants lacking the apoptosis-inhibiting gene *p*35 and the adjacent gene *p*94 [J]. J Virol, 1994, 68: 6759-6762.

[36] Cogoni C, Macino G. Post-transcriptional gene silencing across kingdoms [J]. Curr Opin Genet Dev, 2000, 10: 638-643.

[37] Cogoni C, Romano N, Macino G. Suppression of gene expression by homologous transgenes [J]. Antonie Van Leeuwenhoek, 1994, 65: 205-209.

[38] Croizier G, Croizier L, Argaud O, et al. Extension of *Autographa californica*

nuclear polyhedrosis virus host range by interspecific replacement of a short DNA sequence in the p143 helicase gene [J]. Proc Natl Acad Sci USA, 1994, 91: 48 -52.

[39] Crook N E, Clem R J, Miller L K. An apoptosis-inhibiting baculovirus gene with a zinc finger-like motif [J]. J Virol, 1993, 67: 2168 -2174.

[40] D'Amico V, Elkinton J S, Podgwaite J D, et al. A field release of genetically engineered gypsy moth (*Lymantria dispar* L.) nuclear polyhedrosis virus (LdNPV) [J]. J Invertebr Pathol, 1999, 73: 260 -268.

[41] da Silveira E B, Cordeiro B A, Ribeiro B M, et al. *In vivo* apoptosis induction and reduction of infectivity by an *Autographa californica* multiple nucleopolyhedrovirus *p*35 (-) recombinant in hemocytes from the velvet bean caterpillar *Anticarsia gemmatalis* (Hubner) (Lepidoptera: Noctuidae) [J]. Res Microbiol, 2005, 156: 1014 -1025.

[42] Dai X, Shi X, Pang Y, et al. Prevention of baculovirus-induced apoptosis of BTI-Tn-5B1-4 (Hi5) cells by the p35 gene of *Trichoplusia ni* multicapsid nucleopolyhedrovirus [J]. J Gen Virol, 1999, 80: 1841 -1845.

[43] De Jong J G, Lauzon H A, Dominy C, et al. Analysis of the *Choristoneura fumiferana* nucleopolyhedrovirus genome [J]. J Gen Virol, 2005, 86: 929 -943.

[44] Deveraux Q L, Leo E, Stennicke H R, et al. Cleavage of human inhibitor of apoptosis protein XIAP results in fragments with distinct specificities for caspases [J]. EMBO J, 1999, 18: 5242 -5251.

[45] Dostert C, Jouanguy E, Irving P, et al. The Jak-STAT signaling pathway is required but not sufficient for the antiviral response of drosophila [J]. Nat Immunol, 2005, 6: 946 -953.

[46] Du Q, Lehavi D, Faktor O, et al. Isolation of an apoptosis suppressor gene of the *Spodoptera littoralis* nucleopolyhedrovirus [J]. J Virol, 1973: 1278 -1285.

[47] Du X, Thiem S M. Responses of insect cells to baculovirus infection: protein synthesis shutdown and apoptosis [J]. J Virol, 1997, 71: 7866 -7872.

[48] Duffy S P, Young A M, Morin B, et al. Sequence analysis and organization of the *Neodiprion abietis* nucleopolyhedrovirus genome [J]. J Virol, 2006, 80: 6952 -6963.

[49] Dykxhoorn D M, Novina C D, Sharp P A. Killing the messenger: short

RNAs that silence gene expression [J]. Nat Rev Mol Cell Biol, 2003, 4: 457-467.

[50] Entwistle P F, Adams P H, Evans H F. Epizootiology of a nuclear polyhedrosis virus in European spruce sawfly (Gilpinia hercyniae): the rate of passage of infective virus through the gut of birds during cage tests [J]. J Invertebr Pathol, 1978, 31: 307-312.

[51] Escasa S R, Lauzon H A, Mathur A C, et al. Sequence analysis of the *Choristoneura occidentalis* granulovirus genome [J]. J Gen Virol, 2006, 87: 1917-1933.

[52] Feng G, Yu Q, Hu C, et al. Apoptosis is induced in the haemolymph and fat body of *Spodoptera exigua* larvae upon oral inoculation with *Spodoptera litura* nucleopolyhedrovirus [J]. J Gen Virol, 2007, 88: 2185-2193.

[53] Fire A, Xu S, Montgomery M K, et al. Potent and specific genetic interference by double-stranded RNA in *Caenorhabditis elegans* [J]. Nature, 1998, 391: 806-811.

[54] Fisher A J, Cruz W, Zoog S J, et al. Crystal structure of baculovirus P35: role of a novel reactive site loop in apoptotic caspase inhibition [J]. EMBO J, 1999, 18: 2031-2039.

[55] Forsyth C M, Lemongello D, LaCount D J, et al. Crystal structure of an invertebrate caspase [J]. J Biol Chem, 2004, 279: 7001-7008.

[56] Freemont P S, Hanson I M, Trowsdale J. A novel cysteine-rich sequence motif [J]. Cell, 1991, 64: 483-484.

[57] Fuchs L Y, Woods M S, Weaver R F. Viral Transcription During *Autographa californica* Nuclear Polyhedrosis Virus Infection: a Novel RNA Polymerase Induced in Infected *Spodoptera frugiperda* Cells [J]. J Virol, 1983, 48: 641-646.

[58] Garcia-Maruniak A, Maruniak J E, Zanotto P M, et al. Sequence analysis of the genome of the *Neodiprion sertifer* nucleopolyhedrovirus [J]. J Virol, 2004, 78: 7036-7051.

[59] Gomi S, Majima K, Maeda S. Sequence analysis of the genome of Bombyx mori nucleopolyhedrovirus [J]. J Gen Virol, 1999, 80: 1323-1337.

[60] Goodwin R H, Tompkins G J, McCawley P. Gypsy moth cell lines divergent in viral susceptibility. I. Culture and identification [J]. In Vitro, 1978, 14: 485-494.

[61] Griffiths C M, Barnett A L, Ayres M D, et al. In vitro host range of *Autographa californica* nucleopolyhedrovirus recombinants lacking functional *p*35, *iap*1 or *iap*2 [J]. J Gen Virol, 1999, 80: 1055 - 1066.

[62] Guo S, Kemphues K J. par-1, a gene required for establishing polarity in C. elegans embryos, encodes a putative Ser/Thr kinase that is asymmetrically distributed [J]. Cell, 1995, 81: 611 - 620.

[63] Guzo D, Dougherty E M, Lynn D E, et al. Changes in macromolecular synthesis of gypsy moth cell line IPLB-Ld652Y induced by *Autographa californica* nuclear polyhedrosis virus infection [J]. J Gen Virol, 1991, 72: 1021 - 1029.

[64] Hanahan D, Weinberg R A. The hallmarks of cancer [J]. Cell, 2000, 100: 57 - 70.

[65] Hannon G J. RNA interference [J]. Nature, 2002, 418: 244 - 251.

[66] Harrison R L, Bonning B C. Comparative analysis of the genomes of *Rachiplusia ou* and *Autographa californica* multiple nucleopolyhedroviruses [J]. J Gen Virol, 2003, 84: 1827 - 1842.

[67] Harrison R L, Lynn D E. Genomic sequence analysis of a nucleopolyhedrovirus isolated from the diamondback moth, *Plutella xylostella* [J]. Virus Genes, 2007, 35: 857 - 873.

[68] Harvey A J, Soliman H, Kaiser W J, et al. Anti- and pro-apoptotic activities of baculovirus and Drosophila IAPs in an insect cell line [J]. Cell Death Differ, 1997, 4: 733 - 744.

[69] Hashimoto Y, Hayakawa T, Ueno Y, et al. Sequence analysis of the *Plutella xylostella* granulovirus genome [J]. Virology, 2000, 275: 358 - 372.

[70] Hawkins C J, Ekert P G, Uren A G, et al. Anti-apoptotic potential of insect cellular and viral IAPs in mammalian cells [J]. Cell Death Differ, 1998, 5: 569 - 576.

[71] Hayakawa T, Ko R, Okano K, et al. Sequence analysis of the *Xestia c-nigrum* granulovirus genome [J]. Virology, 1999, 262: 277 - 297.

[72] Herniou E A, Olszewski J A, Cory J S, et al. The genome sequence and evolution of baculoviruses [J]. Annu Rev Entomol, 2003, 48: 211 - 234.

[73] Hershberger P A, Dickson J A, Friesen P D. Site-specific mutagenesis of the 35-kilodalton protein gene encoded by *Autographa californica* nuclear polyhedrosis virus: cell line-specific effects on virus replication [J]. J Virol,

1992, 66: 5525 -5533.

[74] Hinds M G, Norton R S, Vaux D L, et al. Solution structure of a baculoviral inhibitor of apoptosis (IAP) repeat [J]. Nat Struct Biol, 1999, 6: 648 -651.

[75] Horvitz H R. Genetic control of programmed cell death in the nematode *Caenorhabditis elegans* [J]. Cancer Res, 1999, 59: 1701s -1706s.

[76] Hozak R R, Manji G A, Friesen P D. The BIR motifs mediate dominant interference and oligomerization of inhibitor of apoptosis Op-IAP [J]. Mol Cell Biol, 2000, 20: 1877 -1885.

[77] Huang Q, Deveraux Q L, Maeda S, et al. Evolutionary conservation of apoptosis mechanisms: lepidopteran and baculoviral inhibitor of apoptosis proteins are inhibitors of mammalian caspase-9 [J]. Proc Natl Acad Sci USA, 2000, 97: 1427 -1432.

[78] Huang Y, Park Y C, Rich R L, et al. Structural basis of caspase inhibition by XIAP: differential roles of the linker versus the BIR domain [J]. Cell, 2001, 104: 781 -790.

[79] Huh N E, Weaver R F. Identifying the RNA polymerases that synthesize specific transcripts of the Autographa californica nuclear polyhedrosis virus [J]. J Gen Virol, 1990, 71: 195 -201.

[80] Hyink O, Dellow R A, Olsen M J, et al. Whole genome analysis of the *Epiphyas postvittana* nucleopolyhedrovirus [J]. J Gen Virol, 2002, 83: 957 -971.

[81] IJkel W F, van Strien E A, Heldens J G, et al. Sequence and organization of the *Spodoptera exigua* multicapsid nucleopolyhedrovirus genome [J]. J Gen Virol, 1999, 80: 3289 -3304.

[82] Ikeda M, Shikata M, Shirata N, et al. Gene organization and complete sequence of the *Hyphantria cunea* nucleopolyhedrovirus genome [J]. J Gen Virol, 2006, 87: 2549 -2562.

[83] Ikeda M, Yanagimoto K, Kobayashi M. Identification and functional analysis of Hyphantria cunea nucleopolyhedrovirus iap genes [J]. Virology, 2004, 321: 359 -371.

[84] Jacobson M D, Weil M, Raff M C. Programmed cell death in animal development [J]. Cell, 1997, 88: 347 -354.

[85] Jakubowska A, van Oers M M, Ziemnicka J, et al. Molecular characteriza-

tion of *Agrotis segetum* nucleopolyhedrovirus from Poland [J]. J Invertebr Pathol, 2005, 90: 64-68.

[86] Jakubowska A K, Peters S A, Ziemnicka J, et al. Genome sequence of an enhancin gene-rich nucleopolyhedrovirus (NPV) from *Agrotis segetum*: collinearity with *Spodoptera exigua* multiple NPV [J]. J Gen Virol, 2006, 87: 537-551.

[87] Joazeiro C A, Weissman A M. RING finger proteins: mediators of ubiquitin ligase activity [J]. Cell, 2000, 102: 549-552.

[88] Karlas A, Kurth R, Denner J. Inhibition of porcine endogenous retroviruses by RNA interference: increasing the safety of xenotransplantation [J]. Virology, 2000, 325: 18-23.

[89] Keddie B A, Aponte G W, Volkman L E. The pathway of infection of *Autographa californica* nuclear polyhedrosis virus in an insect host [J]. Science, 1989, 243: 1728-1730.

[90] Kerr J F, Wyllie A H, Currie A R. Apoptosis: a basic biological phenomenon with wide-ranging implications in tissue kinetics [J]. Br J Cancer, 1972, 26: 239-257.

[91] Kirkpatrick B A, Washburn J O, Volkman L E. AcMNPV pathogenesis and developmental resistance in fifth instar *Heliothis virescens* [J]. J Invertebr Pathol, 1998, 72: 63-72.

[92] Kondo A, Maeda S. Host range expansion by recombination of the baculoviruses *Bombyx mori* nuclear polyhedrosis virus and *Autographa californica* nuclear polyhedrosis virus [J]. J Virol, 1991, 65: 3625-3632.

[93] Kool M, Ahrens C H, Goldbach R W, et al. Identification of genes involved in DNA replication of the *Autographa californica* baculovirus [J]. Proc Natl Acad Sci USA, 1994, 91: 11212-11216.

[94] Kuzio J, Pearson M N, Harwood S H, et al. Sequence and analysis of the genome of a baculovirus pathogenic for *Lymantria dispar* [J]. Virology, 1999, 253: 17-34.

[95] LaCount D J, Friesen P D. Role of early and late replication events in induction of apoptosis by baculoviruses [J]. J Virol, 1997, 71: 1530-1537.

[96] LaCount D J, Hanson S F, Schneider C L. et al. Caspase inhibitor P35 and inhibitor of apoptosis Op-IAP block in vivo proteolytic activation of an effector caspase at different steps [J]. J Biol Chem, 2000, 275: 15657-15664.

[97] Lange M, Jehle J A. The genome of the Cryptophlebia leucotreta granulovirus [J]. Virology, 2003, 317: 220-236.

[98] Lange M, Wang H, Zhihong H, et al. Towards a molecular identification and classification system of lepidopteran-specific baculoviruses [J]. Virology, 2004, 325: 36-47.

[99] Lauzon H A, Jamieson P B, Krell P J, et al. Gene organization and sequencing of the *Choristoneura fumiferana* defective nucleopolyhedrovirus genome [J]. J Gen Virol, 2005, 86: 945-961.

[100] Lauzon H A, Lucarotti C J, Krell P J, et al. Sequence and organization of the *Neodiprion lecontei* nucleopolyhedrovirus genome [J]. J Virol, 2004, 78: 7023-7035.

[101] Li L, Donly C, Li Q, et al. Identification and genomic analysis of a second species of nucleopolyhedrovirus isolated from *Mamestra configurata* [J]. Virology, 2002, 297: 226-244.

[102] Li Q, Donly C, Li L, et al. Sequence and organization of the *Mamestra configurata* nucleopolyhedrovirus genome [J]. Virology, 2002, 294: 106-121.

[103] Liston P, Roy N, Tamai K, et al. Suppression of apoptosis in mammalian cells by NAIP and a related family of IAP genes [J]. Nature, 1996, 379: 349-353.

[104] Liu Q, Qi Y, Chejanovsky N. Identification and classification of the *Spodoptera littoralis* nucleopolyhedrovirus inhibitor of apoptosis gene [J]. Virus Genes, 2003, 26: 143-149.

[105] Lu A, Miller L K. The roles of eighteen baculovirus late expression factor genes in transcription and DNA replication [J]. J Virol, 1995, 69: 975-982.

[106] Lu L, Du Q, Chejanovsky N. Reduced expression of the immediate-early protein IE0 enables efficient replication of *Autographa californica* multiple nucleopolyhedrovirus in poorly permissive Spodoptera littoralis cells [J]. J Virol, 2003, 77: 535-545.

[107] Luque T, Finch R, Crook N, et al. The complete sequence of the *Cydia pomonella* granulovirus genome [J]. J Gen Virol, 2001, 82: 2531-2547.

[108] Ma X C, Shang J Y, Yang Z N, et al. Genome sequence and organization

of a nucleopolyhedrovirus that infects the tea looper caterpillar, *Ectropis obliqua* [J]. Virology, 2007, 360: 235 -246.

[109] Maeda S. Expression of foreign genes in insects using baculovirus vectors [J]. Annu Rev Entomol, 1989, 34: 351 -372.

[110] Maeda S. Further development of recombinant baculovirus insecticides [J]. Curr Opin Biotechnol, 1995, 6: 313 -319.

[111] Maguire T, Harrison P, Hyink O, et al. The inhibitors of apoptosis of *Epiphyas postvittana* nucleopolyhedrovirus [J]. J Gen Virol, 2000, 81: 2803 -2811.

[112] Manji G A, Friesen P D. Apoptosis in motion. An apical, P35-insensitive caspase mediates programmed cell death in insect cells [J]. J Biol Chem, 2001, 276: 16704 -16710.

[113] Manji G A, Hozak R R, LaCount D J, et al. Baculovirus inhibitor of apoptosis functions at or upstream of the apoptotic suppressor P35 to prevent programmed cell death [J]. J Virol, 1997, 71: 4509 -4516.

[114] Martin O, Croizier G. Infection of a *Spodoptera frugiperda* cell line with Bombyx mori nucleopolyhedrovirus [J]. Virus Res, 1997, 47: 179 -185.

[115] Mazzacano C A, Du X, Thiem S M. Global protein synthesis shutdown in *Autographa californica* nucleopolyhedrovirus-infected Ld652Y cells is rescued by tRNA from uninfected cells [J]. Virology, 1999, 260: 222 -231.

[116] McCarthy J V, Dixit V M. Apoptosis induced by Drosophila reaper and grim in a human system. Attenuation by inhibitor of apoptosis proteins (cIAPs) [J]. J Biol Chem, 1998, 273: 24009 -24015.

[117] McLachlin J R, Escobar J C, Harrelson J A, et al. Deletions in the Ac-iap1 gene of the baculovirus AcMNPV occur spontaneously during serial passage and confer a cell line-specific replication advantage [J]. Virus Res, 2001, 81: 77 -91.

[118] McManus M T, Sharp P A. Gene silencing in mammals by small interfering RNAs [J]. Nat Rev Genet, 2002, 3: 737 -747.

[119] Means J C, Muro I, Clem R J. Silencing of the baculovirus Op-iap3 gene by RNA interference reveals that it is required for prevention of apoptosis during *Orgyia pseudotsugata* M nucleopolyhedrovirus infection of Ld652Y cells [J]. J Virol, 2003, 77: 4481 -4488.

[120] Miller L K. Baculoviruses as gene expression vectors [J]. Annu Rev Mi-

crobiol, 1988, 42: 177 -199.

[121] Miller L K. Genetically engineered insect virus pesticides: present and future [J]. J Invertebr Pathol, 1995, 65: 211 -216.

[122] Muchmore S W, Chen J, Jakob C, et al. Crystal structure and mutagenic analysis of the inhibitor-of-apoptosis protein survivin [J]. Mol Cell, 2000, 6: 173 -182.

[123] Murillo R, Lasa R, Goulson D, et al. Effect of tinopal LPW on the insecticidal properties and genetic stability of the nucleopolyhedrovirus of *Spodoptera exigua* (Lepidoptera: Noctuidae) [J]. J Econ Entomol, 2003, 96: 1668 -1674.

[124] Nakai M, Goto C, Kang W, et al. Genome sequence and organization of a nucleopolyhedrovirus isolated from the smaller tea tortrix, *Adoxophyes honmai* [J]. Virology, 2003, 316: 171 -183.

[125] Nie Z M, Zhang Z F, Wang D, et al. Complete sequence and organization of *Antheraea pernyi* nucleopolyhedrovirus, a dr-rich baculovirus [J]. BMC Genomics, 2007, 8: 248.

[126] Nykanen A, Haley B, Zamore P D. ATP requirements and small interfering RNA structure in the RNA interference pathway [J]. Cell, 2001, 107: 309 -321.

[127] O'Reilly D R, Miller L K. Luckow V A. Baculovirus expression vectors: a laboratory manual [M]. New York: W. H. Freeman, 1992.

[128] Oliveira J V, Wolff J L, Garcia-Maruniak A, et al. Genome of the most widely used viral biopesticide: *Anticarsia gemmatalis* multiple nucleopolyhedrovirus [J]. J Gen Virol, 2006, 87: 3233 -3250.

[129] Palli S R, Caputo G F, Sohi S S, et al. CfMNPV blocks AcMNPV-induced apoptosis in a continuous midgut cell line [J]. Virology, 1996, 222: 201 -213.

[130] Pang Y, Yu J, Wang L, et al. Sequence analysis of the *Spodoptera litura* multicapsid nucleopolyhedrovirus genome [J]. Virology, 2001, 287: 391 -404.

[131] Pearson M N, Rohrmann G F. Transfer, incorporation, and substitution of envelope fusion proteins among members of the Baculoviridae, Orthomyxoviridae, and Metaviridae (insect retrovirus) families [J]. J Virol, 2002, 76: 5301 -5304.

[132] Pei Z, Reske G, Huang Q, et al. Characterization of the apoptosis suppressor protein P49 from the *Spodoptera littoralis* nucleopolyhedrovirus [J]. J Biol Chem, 2002, 277: 48677 -48684.

[133] Petersen S L, Wang L, Yalcin-Chin A, et al. Autocrine TNFalpha signaling renders human cancer cells susceptible to Smac-mimetic-induced apoptosis [J]. Cancer Cell, 2007, 12: 445 -456.

[134] Plasterk R H. RNA silencing: the genome's immune system [J]. Science, 2002, 296: 1263 -1265.

[135] Possee R D. Baculoviruses as expression vectors [J]. Curr Opin Biotechnol, 1997, 8: 569 -572.

[136] Prikhod'ko E A, Miller L K. Induction of apoptosis by baculovirus transactivator IE1 [J]. J Virol, 1996, 70: 7116 -7124.

[137] Prikhod'ko E A, Miller L K. The baculovirus PE38 protein augments apoptosis induced by transactivator IE1 [J]. J Virol, 1999, 73: 6691 -6699.

[138] Quadt I, van Lent J W, Knebel-Morsdorf D. Studies of the silencing of baculovirus DNA binding protein [J]. J Virol, 2007, 81: 6122 -6127.

[139] Riedl S J, Renatus M, Schwarzenbacher R, et al. Structural basis for the inhibition of caspase-3 by XIAP [J]. Cell, 2001, 104: 791 -800.

[140] Riedl S J, Shi, Y. Molecular mechanisms of caspase regulation during apoptosis [J]. Nat Rev Mol Cell Biol, 2004, 5: 897 -907.

[141] Robertson N M, Zangrilli J, Fernandes-Alnemri T, et al. Baculovirus P35 inhibits the glucocorticoid-mediated pathway of cell death [J]. Cancer Res, 1997, 57: 43 -47.

[142] Roy N, Deveraux Q L, Takahashi R, et al. The c-IAP-1 and c-IAP-2 proteins are direct inhibitors of specific caspases [J]. EMBO J, 1997, 16: 6914 -6925.

[143] Seshagiri S, Miller L K. Baculovirus inhibitors of apoptosis (IAPs) block activation of Sf-caspase-1 [J]. Proc Natl Acad Sci USA, 1997, 94: 13606 -13611.

[144] Sharp P A. RNA interference-2001 [J]. Genes Dev, 2001, 15: 485 -490.

[145] Shi Y. Mechanisms of caspase activation and inhibition during apoptosis [J]. Mol Cell, 2002, 9: 459 -470.

[146] Sun C, Cai M, Gunasekera A H, et al. NMR structure and mutagenesis of

the inhibitor-of-apoptosis protein XIAP [J]. Nature, 1999, 401: 818 - 822.

[147] Takahashi R, Deveraux Q, Tamm I, et al. A single BIR domain of XIAP sufficient for inhibiting caspases [J]. J Biol Chem, 1998, 273: 7787 - 7790.

[148] Tang E D, Wang C Y, Xiong Y, et al. A role for NF-kappaB essential modifier/IkappaB kinase-gamma (NEMO/IKKgamma) ubiquitination in the activation of the IkappaB kinase complex by tumor necrosis factor-alpha [J]. J Biol Chem, 2003, 278: 37297 - 37305.

[149] Theilmann D A, Blissard G W, Bonning B, et al. In virus taxonomy-eighth report of the international committee on taxonomy of viruses [M]. New York: Springer, 2005.

[150] Thiem S M. Prospects for altering host range for baculovirus bioinsecticides [J]. Curr Opin Biotechnol, 1997, 8: 317 - 322.

[151] Thiem S M, Du X, Quentin M E, et al. Identification of baculovirus gene that promotes *Autographa californica* nuclear polyhedrosis virus replication in a nonpermissive insect cell line [J]. J Virol, 1996, 70: 2221 - 2229.

[152] Thiem S M, Miller L K. Identification, sequence, and transcriptional mapping of the major capsid protein gene of the baculovirus *Autographa californica* nuclear polyhedrosis virus [J]. J Virol, 1989, 63: 2008 - 2018.

[153] Thome M, Hofmann K, Burns K, et al. Identification of CARDIAK, a RIP-like kinase that associates with caspase-1 [J]. Curr Biol, 1998, 8: 885 - 888.

[154] Thompson C B. Apoptosis in the pathogenesis and treatment of disease [J]. Science, 1995, 267: 1456 - 1462.

[155] Thornberry N A, Lazebnik Y. Caspases: enemies within [J]. Science, 1998, 281: 1312 - 1316.

[156] Tumilasci V F, Leal E, Zanotto P M, et al. Sequence analysis of a 5.1 kbp region of the *Spodoptera frugiperda* multicapsid nucleopolyhedrovirus genome that comprises a functional ecdysteroid UDP-glucosyltransferase (egt) gene [J]. Virus Genes, 2003, 27: 137 - 144.

[157] Tyers M, Willems A R. One ring to rule a superfamily of E3 ubiquitin ligases [J]. Science, 1999, 284: 601 - 604.

[158] van Oers M M, Abma-Henkens M H, Herniou E A, et al. Genome se-

quence of *Chrysodeixis chalcites* nucleopolyhedrovirus, a baculovirus with two DNA photolyase genes [J]. J Gen Virol, 2005, 86: 2069-2080.

[159] Varfolomeev E, Blankenship J W, Wayson S M, et al. IAP antagonists induce autoubiquitination of c-IAPs, NF-kappaB activation, and TNFalpha-dependent apoptosis [J]. Cell, 2007, 131: 669-681.

[160] Vaux D L, Silke J. IAPs, RINGs and ubiquitylation [J]. Nat Rev Mol Cell Biol, 2005, 6: 287-297.

[161] Verdecia M A, Huang H, Dutil E, et al. Structure of the human anti-apoptotic protein survivin reveals a dimeric arrangement [J]. Nat Struct Biol, 2000, 7: 602-608.

[162] Vilaplana L, O'Reilly D R. Functional interaction between *Cydia pomonella* granulovirus IAP proteins [J]. Virus Res, 2003, 92: 107-111.

[163] Vince J E, Wong W W, Khan N, et al. IAP antagonists target cIAP1 to induce TNFalpha-dependent apoptosis [J]. Cell, 2007, 131: 682-693.

[164] Volkman L E, Summers M D, Hsieh C H. Occluded and nonoccluded nuclear polyhedrosis virus grown in Trichoplusia ni: comparative neutralization comparative infectivity, and in vitro growth studies (1976) [J]. J Virol, 1976, 19: 820-832.

[165] Vucic D, Kaiser W J, Miller L K. A mutational analysis of the baculovirus inhibitor of apoptosis Op-IAP [J]. J Biol Chem, 1998, 273: 33915-33921.

[166] Washburn J O, Haas-Stapleton E J, Tan F F, et al. Co-infection of Manduca sexta larvae with polydnavirus from Cotesia congregata increases susceptibility to fatal infection by *Autographa californica* M Nucleopolyhedrovirus [J]. J Insect Physiol, 2000, 46: 179-190.

[167] Westenberg M, Veenman F, Roode E C, et al. Functional analysis of the putative fusion domain of the baculovirus envelope fusion protein F [J]. J Virol, 2004, 78: 6946-6954.

[168] Willis L G, Seipp R, Stewart T M, et al. Sequence analysis of the complete genome of *Trichoplusia ni* single nucleopolyhedrovirus and the identification of a baculoviral photolyase gene [J]. Virology, 2005, 338: 209-226.

[169] Wormleaton S, Kuzio J, Winstanley D. The complete sequence of the *Adoxophyes orana* granulovirus genome [J]. Virology, 2003, 311: 350-365.

[170] Wright C W, Clem R J. Sequence requirements for Hid binding and apopto-

sis regulation in the baculovirus inhibitor of apoptosis Op-IAP. Hid binds Op-IAP in a manner similar to Smac binding of XIAP [J]. J Biol Chem, 2002, 277: 2454 -2462.

[171] Wyllie A H, Kerr J F, Currie A R. Cell death: the significance of apoptosis [J]. Int Rev Cytol, 1980, 68: 251 -306.

[172] Xiao H, Qi Y. Genome sequence of Leucania seperata nucleopolyhedrovirus [J]. Virus Genes, 2007, 35: 845 -856.

[173] Xue D, Horvitz H R. Inhibition of the *Caenorhabditis elegans* cell-death protease CED-3 by a CED-3 cleavage site in baculovirus P35 protein [J]. Nature, 1995, 377: 248 -251.

[174] Yanase T, Yasunaga C, Hara T, et al. Coinfection of *Spodoptera exigua* and *Spodoptera frugiperda* cell lines with the nuclear polyhedrosis viruses of *Autographa californica* and *Spodoptera exigua* [J]. Intervirology, 1998, 41: 244 -252.

[175] Yanase T, Yasunaga C, Kawarabata T. Replication of *Spodoptera exigua* nucleopolyhedrovirus in permissive and non-permissive lepidopteran cell lines [J]. Acta Virol, 1998, 42: 293 -298.

[176] Yang Y, Fang S, Jensen J P, et al. Ubiquitin protein ligase activity of IAPs and their degradation in proteasomes in response to apoptotic stimuli [J]. Science, 2000, 288: 874 -877.

[177] Yu M, Li Z, Yang K, et al. Identification of the apoptosis inhibitor gene *p49* of *Spodoptera litura* multicapsid nucleopolyhedrovirus [J]. Virus Genes, 2005, 31: 145 -151.

[178] Yuan J, Shaham S, Ledoux S, et al. The C. elegans cell death gene ced-3 encodes a protein similar to mammalian interleukin-1 beta-converting enzyme [J]. Cell, 1993, 75: 641 -652.

[179] Zambon R A, Nandakumar M, Vakharia V N, et al. The Toll pathway is important for an antiviral response in Drosophila [J]. Proc Natl Acad Sci USA, 2005, 102: 7257 -7262.

[180] Zamore P D. Ancient pathways programmed by small RNAs [J]. Science, 2002, 296: 1265 -1269.

[181] Zamore P D, Tuschl T, Sharp P A, et al. RNAi: double-stranded RNA directs the ATP-dependent cleavage of mRNA at 21 to 23 nucleotide intervals [J]. Cell, 2000, 101: 25 -33.

[182] Zeng Y, Cullen B R. RNA interference in human cells is restricted to the cytoplasm [J]. RNA, 2002, 8: 855-860.

[183] Zhang C X, Ma X C, Guo Z J. Comparison of the complete genome sequence between C1 and G4 isolates of the *Helicoverpa armigera* single nucleocapsid nucleopolyhedrovirus [J]. Virology, 2005, 333: 190-199.

[184] Zhang P, Yang K, Dai X, et al. Infection of wild-type *Autographa californica* multicapsid nucleopolyhedrovirus induces in vivo apoptosis of *Spodoptera litura* larvae [J]. J Gen Virol, 2002, 83: 3003-3011.

[185] Zhou Q, Krebs J F, Snipas S J, et al. Interaction of the baculovirus anti-apoptotic protein P35 with caspases. Specificity, kinetics, and characterization of the caspase/*p*35 complex [J]. Biochemistry, 1998, 37: 10757-10765.

[186] Zoog S J, Schiller J J, Wetter J A, et al. Baculovirus apoptotic suppressor P49 is a substrate inhibitor of initiator caspases resistant to P35 *in vivo* [J]. EMBO J, 2002, 21: 5130-5140.

缩 略 词

1. 病毒

AdhoNPV	*Adoxophyes honmai* nucleopolyhedrovirus 茶小卷夜蛾核多角体病毒
AdorGV	*Adoxophyes orana* granulovirus 网纹卷夜蛾颗粒体病毒
AgseGV	*Agrotis segetum* granulovirus 黄地老虎颗粒体病毒
AgseNPV	*Agrotis segetum* nucleopolyhedrovirus 黄地老虎核多角体病毒
AnpeNPV	*Antheraea pernyi* nucleopolyhedrovirus 柞蚕核多角体病毒
AgNPV	*Anticarsia gemmatalis* nucleopolyhedrovirus 黎豆夜蛾核多角体病毒
AcMNPV	*Autographa californica* multiple nucleopolyhedrovirus 苜蓿银纹夜蛾核多角体病毒
BmNPV	*Bombyx mori* nucleopolyhedrovirus 家蚕核多角体病毒
CfDEFNPV	*Choristoneura fumiferana* defective nucleopolyhedrovirus 云杉卷夜蛾缺失型核多角体病毒
CfNPV	*Choristoneura fumiferana* nucleopolyhedrovirus 云杉卷夜蛾核多角体病毒
ChocGV	*Choristoneura occidentalis* granulovirus 水杉色卷蛾颗粒体病毒
ChchNPV	*Chrysodeixis chalcites* nucleopolyhedrovirus 南方锞蚊夜蛾核多角体病毒
ClbiNPV	*Clanis bilineata* nucleopolyhedrovirus 豆天蛾核多角体病毒
CrleGV	*Cryptophlebia leucotreta* granulovirus 苹果异形小卷蛾颗粒体病毒

CuniNPV	*Culex nigripalpus* nucleopolyhedrovirus 库蚊核多角体病毒
CpGV	*Cydia pomonella* granulovirus 苹果小蠹蛾颗粒体病毒
EcobNPV	*Ecotropis obliqua* nucleopolyhedrovirus 茶尺蠖核多角体病毒
EppoNPV	*Epiphyas postvittana* nucleopolyhedrovirus 小褐苹果蠹蛾多角体病毒
HearGV	*Helicoverpa armigera* granulovirus 中国棉铃虫颗粒体病毒
HearNPV	*Helicoverpa armigera* nucleopolyhedrovirus 中国棉铃虫核多角体病毒
HzNPV	*Helicoverpa zea* nucleopolyhedrovirus 美洲棉铃虫核多角体病毒
HycuNPV	*Hyphantria cunea* nucleopolyhedrovirus 美国白蛾核多角体病毒
LeseNPV	*Leucania separata* nucleopolyhedrovirus 粘虫核多角体病毒
LdNPV	*Lymantria dispar* nucleopolyhedrovirus 舞毒蛾核多角体病毒
MacoNPV（A）	*Mamestra conFig urata* nucleopolyhedrovirus A 蓓带夜蛾核多角体病毒 A
MacoNPV（B）	*Mamestra conFig urata* nucleopolyhedrovirus B 蓓带夜蛾核多角体病毒 B
MvNPV	*Maruca vitrata* nucleopolyhedrovirus 豆荚螟核多角体病毒
NeabNPV	*Neodiprion abietis* nucleopolyhedrovirus 松叶蜂核多角体病毒
NeleNPV	*Neodiprion lecontei* nucleopolyhedrovirus 红头松叶蜂核多角体病毒
NeseNPV	*Neodiprion sertifer* nucleopolyhedrovirus 松黄叶蜂核多角体病毒
OpNPV	*Orgyia pseudotsugata* nucleopolyhedrovirus 黄杉毒蛾核多角体病毒

OrleNPV *Orgyia leucostigma* nucleopolyhedrovirus
白斑天幕毛虫核多角体病毒

PhopGV *Phthorimaea operculella* granulovirus
马铃薯块茎蛾颗粒体病毒

PlxyGV *Plutella xylostella* granulovirus
小菜蛾颗粒体病毒

PlxyNPV *Plutella xylostella* nucleopolyhedrovirus
小菜蛾核多角体病毒

RoNPV *Rachiplusia ou* nucleopolyhedrovirus
苜蓿尺蠖核多角体病毒

SeMNPV *Spodoptera exigua* multiple nucleopolyhedrovirus
甜菜夜蛾核多角体病毒

SfNPV *Spodoptera frugiperda* nucleopolyhedrovirus
草地贪夜蛾核多角体病毒

SpltGV *Spodoptera litura* granulovirus
斜纹夜蛾颗粒体病毒

SpltNPV *Spodoptera litura* nucleopolyhedrovirus
斜纹夜蛾核多角体病毒

TnNPV *Trichoplusia ni* nucleopolyhedrovirus
粉纹夜蛾核多角体病毒

XecnGV *Xestia c-nigrum* granulovirus
八字地老虎核多角体病毒

2. 昆虫

Cf *Choristoneura fumiferana* 枞色卷叶蛾

Se *Spodoptera exigua* 甜菜夜蛾

Sf *Spodoptera frugiperda* 草地贪夜蛾

Splt *Spodoptera litura* 斜纹夜蛾

Spli *Spodoptera littoralis* 海灰翅夜蛾

Tn *Trichoplusia ni* 粉纹夜蛾

3. 其他

Amp ampicillin 氨苄青霉素

Bis N, N'-methylenebisacrylamide N, N' – 亚甲双丙烯酰胺

bp base pair 碱基对

BV budded virus 芽生型病毒

CELISA	cell enzyme-linked immunosorbant assay 细胞酶联免疫吸附测定
ddH_2O	double distilled water 双蒸水
DMSO	dimethyl sulfoxide 二甲基亚砜
E. coli	*Escherichia coli* 大肠杆菌
ECV	extracellular virus 胞外病毒
EDTA	ethylene diaminetetraacetic acid 乙二胺四乙酸
EFP	envelope fusion protein 膜融合蛋白
GV	granulosis virus 颗粒体病毒
h. p. i.	hours post infection 感染后小时数
HRP	horse radish peroxidase 辣根过氧化物酶
IPTG	isoprophyl thio-β-D-galactoside 异丙基硫代 – β-D – 半乳糖苷
kbp	kilobase 千碱基对
kDa	kilodalton 千道尔顿
lef	late expression factor 晚期表达因子
β-ME	β-mercaptoethanol β – 巯基乙醇
MOI	multiplicity of infection 感染复数
m. u.	map unit 图谱单位
NC	nitrocellulose membrane 硝酸纤维膜
NPV	nucleopolyhedrovirus 核型多角体病毒
nt	nucleotide 核苷酸
ODV	occlusion-derived virus 包涵体源型病毒
ORF	open reading frame 开放阅读框
Ori	origin of replication 复制原点
OV	occluded virus 包埋型病毒
PBS	phosphate buffered saline 磷酸盐缓冲液
PCD	programmed cell death 程序性细胞死亡
PCR	polymerase chain reaction 多聚酶链式反应
PEG	polyethylene glycol 聚乙二醇
PFU	plaque forming unit 空斑形成单位
PK	proteinase K 蛋白酶 K
polh	polyhedrin 多角体蛋白基因
rpm	revolution per minute 每分钟转数
TEM	transmission electron microscope 透射电子显微镜
SDS	sodium dodecyl sulpate 十二烷基硫酸钠

SDS-PAGE	SDS-polyacrylamide gel electrophoresis SDS－聚丙烯酰胺凝胶电泳
Tris	tris(hydroxymethyl)-aminomethane 三（羟甲基）氨基甲烷
UAR	upstream activating region 上游激活区
wt	wild type 野生型
w/v	weight/volume 重量/体积比
X-gal	5-bromo-4-chloro-3-indolyl-β-D-galactose 5－溴－4－氯－3－吲哚－β-D－半乳糖苷